AF366186

SUR LA PHYLOGÉNÈSE

DE L'ORTHOBIONTE

PHYTO-ZOO-FLAGELLATE

Le Flagellate peut être considéré comme représentatif des Etres vivants primitifs. L'Amibe, malgré sa grande simplicité, n'est, probablement, qu'un Flagellate adapté, par régression, à un mode d'existence spécial.

Le Flagellate primitif ou Phyto-zoo-flagellate possède, à la fois, le mode d'alimentation végétal ou photosynthétique, qui lui permet de s'alimenter uniquement au moyen de substances minérales, et le mode d'alimentation animal, qui comporte l'ingestion et la digestion de particules alimentaires organiques, c'est-à-dire provenant d'un autre Etre vivant.

DIFFÉRENCIATION DU VÉGÉTAL ET DE L'ANIMAL

PHYTO-FLAGELLATE, ZOO-FLAGELLATE

Sous l'influence des circonstances rencontrées, le Phyto-zoo-flagellate, qui possède à la fois le mode de nutrition phytique et le mode de nutrition zoïque, s'est différencié en Phyto-flagellate, qui, ayant perdu l'aptitude à l'alimentation animale, ne possède plus que le mode d'alimentation holophytique, et en Zoo-flagellate, qui, ayant perdu l'aptitude à l'alimentation végétale, ne possède plus que le mode d'alimentation holozoïque.

Le règne des Etres vivants, dont l'initium est le Phyto-zoo-flagellate, se divise, dès lors, en un Sous-règne végétal, dont l'initium est le Phyto-flagellate, et un Sous-règne animal, dont l'initium est le Zoo-flagellate.

La communauté d'origine des Végétaux et des Animaux, leur presque identité, au moment où leur séparation devient complète et définitive, expliquent les ressemblances très grandes, si fidèlement conservées et d'ailleurs indestructibles, que nous retrouvons dans les orthobiontes des représentants des deux sous-règnes, même si ces représentants sont choisis parmi ceux qui ont le plus considérablement divergé.

ORTHOBIONTE DU FLAGELLATE

Au début, la grande différence qui existe entre les modes d'alimentation du Phyto-flagellate et du Zoo-flagellate ne retentit pas notablement, sur la morphologie de ces deux types. C'est que dès leur apparition, ils sont déjà, sous des formes à peu près identiques, préadaptés au mode de nutrition unique qui reste à chacun d'eux. Nous pouvons, en conséquence, aborder l'étude de l'orthobionte du Flagellate sans spécifier son mode de nutrition.

La planche 1 est un schéma représentant l'orthobionte du Flagellate.

Le tableau 1 est une description schématique aussi sommaire que possible de ce même orthobionte.

Ces schémas, aussi bien le graphique que le descriptif, présentent, dans leurs grands traits, un caractère de généralité tel qu'il se répète, à peu de chose près, chez tous les Etres vivants, depuis le Phyto-zoo-flagellate jusqu'à la Dicotylédone, depuis ce même Phyto-zoo-flagellate jusqu'au Mammifère.

Eléments constitutifs de l'Orthobionte

Plastide. Individu

Le Flagellate est formé d'une masse protoplasmique, d'organisation très complexe, appelée le *noyau*, qui est logée dans l'intérieur d'une autre masse protoplasmique, appelée *cytoplasme*. Le cytoplasme est sous la dépendance du nucléoplasme. Il fournit à ce dernier un milieu vital approprié et lui sert d'intermédiaire dans ses relations avec le monde extérieur. Cet ensemble d'une masse nucléoplasmique et d'une masse cytoplasmique bien définies constitue un *plastide*. Le Flagellate formé d'un seul plastide est un *individu monoplastidien*. Si deux, quatre ou un plus grand nombre de Flagellates se trouvent réunis entre eux, par des liaisons protoplasmiques nourricières et conductrices d'influx, ils forment un *individu di-, tétra-ou polyplastidien*.

Mérismes. Blastéa. Plèthéa. Proplastide

Si nous suivons, indéfiniment, les générations successives d'un Flagellate, nous constatons qu'elles comprennent :

1° Des groupes d'individus monoplastidiens, emprisonnés dans des kystes. Ces kystes sont des enveloppes non vivantes, sphériques, à surface externe unie ou couverte de saillies, secrétées par un individu monoplastidien. Cet individu se divise, dans l'intérieur de son kyste par n bipartitions successives, qui le transforment en 2^n petits individus. Au bout d'un certain temps, le kyste se gélifie en partie et les 2^n petits individus sont expulsés, ensemble, par le gonflement de la gelée interne. Ils se séparent les uns des autres, émettent des flagellums et mènent une vie libre au cours de laquelle, par un accroissement de volume suffisant, nécessairement considérable, ils acquièrent le volume de l'individu monoplastidien qui a formé le kyste.

2° Une multitude d'individus monoplastidiens, dérivant les uns des autres par des bipartitions multiplicatrices, dont chacune est suivie d'une période de doublement de volume. Chacune de ces bipartitions remplace l'individu monoplastidien par deux individus monoplastidiens semblables à celui dont ils proviennent et menant, comme lui, une existence libre.

Dans chacune des innombrables ramifications qui constituent l'ensemble de toutes les générations successives, on a donc, indéfiniment, des successions d'alternances formées, chacune, d'un groupe d'individus emprisonnés dans un kyste et d'un essaim d'individus monoplastidiens menant une existence libre.

Ces deux sortes d'ensembles constituent, chacune, un *mérisme*.

Le mérisme de la première sorte, celui qui est formé d'un groupe d'individus emprisonnés dans un kyste, constitue, pour des motifs dont il sera question plus loin, une *blastéa*.

L'autre, celui qui est formé d'un essaim d'individus monoplastidiens libres, qui sont, parfois, en nombre immense, est une *plèthéa*.

Tout individu monoplastidien qui, par ses bipartitions successives, crée un nouveau mérisme, c'est-à-dire une plèthéa ou une blastéa, est la cellule-mère ou le *proplastide* de ce mérisme.

Gamètes. Gamie. Zygote

Il arrive que, parmi les individus monoplastidiens menant une existence libre, on voit apparaître des individus monoplastidiens spéciaux, appelés *gamètes*, qui sont aptes à s'unir, deux à deux, par une gamie dont le résultat est la formation d'un individu monoplastidien nouveau, relativement gros, appelé *zygote*.

Le zygote est un Flagellate monoplastidien qui est apte à reprendre, dans les mêmes conditions que les individus monoplastidiens qui l'ont précédé, la succession des bipartitions, blastéennes ou plèthéennes, dont le résultat est la multiplication.

Mais, tandis que les individus dont il a été question ci-dessus n'étaient que des portions de la continuité d'un seul et même protoplasme et, pour ainsi dire, un seul et même Etre vivant, se fragmentant sans cesse, la gamie qui fait apparaître le zygote, étant une combinaison de deux masses formées de protoplasmes distincts, crée un protoplasme nouveau et par conséquent un Etre vivant nouveau.

Holobionte. Orthobionte

Les gamies créent, ainsi, dans l'enchaînemnt indéfini des générations, de véritables discontinuités. Deux telles discontinuités, successives, limitent un ensemble de plastides qui constitue un groupement important. Un tel groupement c'est-à-dire l'ensemble de tous les plastides qui sont issus d'un zygote donné, mais qui ne sont pas encore transformés en gamètes et évanouis dans une nouvelle gamie, constitue un *holobionte*.

Si au lieu de considérer l'ensemble, extrêmement ramifié et touffu, qui constitue l'holobionte, nous considérons seulement une lignée directe de mérismes conduisant d'un zygote donné à un premier zygote nouveau, nous aurons un ensemble, appelé *orthobionte*, qui est à la fois beaucoup plus simple que l'holobionte et plus approprié que lui aux spéculations phylogénétiques.

Orthobionte simple

Mérismes α, a, β, b, γ

Dans l'orthobionte du Flagellate ancestral que nous considérons ici, le zygote s'enkyste et se développe en une blastéa.

Suivant le nombre, 0, 1, 2,... n des bipartitions qui constituent son ontogénèse, cette blastéa est formée de 1, 2, 4... 2^n plastides. Arrivée au terme de son ontogénèse, la blastéa se résout en 2^n individus monoplastidiens, flagellés, libres, relativement très petits.

Chacun de ces petits individus émet un ou plusieurs flagellums, grossit jusqu'à atteindre un certain volume, et devient le proplastide d'une plèthéa généralement composée d'un nombre immense d'individus monoplastidiens, mais qui, exceptionnellement, peut se réduire à un seul individu monoplastidien.

Les individus constitutifs de cette plèthéa conduisent, par leurs bipartitions, à des individus terminaux, c'est-à-dire à des individus qui s'enkystent et dont, par conséquent, chacun, est le proplastide d'une nouvelle blastéa.

On a, ainsi, dans l'orthobionte, une succession d'alternances composées, chacune, d'une bastéa et d'une plèthéa, alternances qui comprennent :

1º Une alternance initiale A.

2º Une série d'alternances intercalaires B.

3º Une alternance terminale C, que nous appellerons alternance gamétique, parce qu'elle comprend une blastéa qui se résout intégralement en gamètes.

Ce qui vient d'être exposé est schématisé par la planche 1 qui doit être examinée de bas en haut.

L'alternance initiale A comprend la blastéa α et la plèthéa a. La blastéa initiale qui n'est autre chose que le zygote développé est représentée à l'état de blastéa parvenue au terme de son ontogénèse et prête à dissocier ses plastides constitutifs en nouveaux individus monoplastidiens flagellés libres, aptes à croître jusqu'à un volume déterminé. La plèthéa a est issue des divisions de l'un quelconque des plastides de la blastéa α.

L'alternance intercalaire B, composée d'une blastéa β et d'une plèthéa b, représente, en réalité, une longue série d'alternances intercalaires $B_1, B_2,... B_n$, composées, respectivement, des mérismes $\beta_1+b_1, \beta_2+b_2,.... \beta_n+b_n$.

L'alternance C débute par la blastéa gamétique γ qui se résout en gamètes, c'est-à-dire en Flagellates aptes à prendre part à une gamie.

Si, dans la lignée que nous suivons, nous tombons sur un gamète prenant réellement part à une gamie et s'y évanouissant, l'orthobionte est clos. C'est un orthobionte simple. Dans ce cas, le gamète représente, à lui tout seul, une plèthéa c qui demeure monoplastidienne et peut, par conséquent, être laissée de côté. L'orthobionte simple du Flagellate est ainsi composé des mérismes α, a, β, b, γ.

Orthobionte parthénogénétique

Mérismes c, δ, d, ε

L'attraction qui détermine l'union de deux gamètes ne s'exerce qu'à très faible distance. La gamie est donc le résultat d'une circonstance fortuite qui, si les gamètes sont relativement peu nombreux dans un volume d'eau de mer relativement considérable, pourra être exceptionnelle. Or il se trouve que le gamète est un Flagellate complet, possédant tout ce qui lui est nécessaire pour nager, se nourrir, grossir et se multiplier par bipartition. Il en résulte que si, au cours de ses pérégrinations, le gamète ne rencontre pas de partenaire et ne s'évanouit pas dans une gamie, il ne tarde pas à se diviser. Alors, au lieu de rester à l'état de plèthéa monoplastidienne, il se transforme en une plèthéa polyplastidienne, dont un certain nombre d'individus pourront, peut-être, s'évanouir dans des gamies, mais dont un certain nombre pourront devenir l'origine d'une série d'alternances parthénogénétiques D_1, D_2,... D_n que nous schématiserons par une alternance parthénogénétique intercalaire unique D.

Si, dans la lignée que nous suivons, nous évitons les impasses résultant des destructions accidentelles, nous finirons, nécessairement, par rencontrer un gamète qui s'évanouit dans une gamie et provient d'une alternance terminale E qui met définitivement fin à l'orthobionte.

Diplo-orthobionte

L'orthobionte se trouve, dans ce cas, composé d'une succession d'alternances blastéo-plèthéennes $A + B + C + D + E$.

Dans cette succession de cinq alternances les mérismes α, a, β, b et γ constituent, comme nous l'avons vu, un orthobionte simple et les mérismes c, δ, d, ε constituent un orthobionte parthénogénétique complémentaire. La plèthéa terminale e peut être laissée de côté comme étant un stade franchi à l'état monoplastidien. L'ensemble de l'orthobionte simple et d'un orthobionte parthénogénétique complémentaire constitue un orthobionte double (diplo-orthobionte) qui est l'initium de l'alternance sporophyto-gamétophytique du Cormophyte (Archégoniate et Anthophyte).

Bifurcation de l'orthobionte en une branche mâle et une branche femelle

Le fait que l'alternance gamétique donne des gamètes s'attirant deux par deux indique que le gamète est non seulement un

individu monoplastidien différencié en tant que gamète, mais
qu'il y a, parmi les gamètes, une autre différenciation, dans l'un
de deux sens différents appelés mâle et femelle, différenciation qui
se traduit par l'attraction gamétique. Les choses se passent comme si le Flagellate non différencié en gamète présentait deux
pouvoirs énergétiques, identiques mais de sens contraire, se
neutralisant, mais aptes à se séparer par une sorte de polari-
sation. Le gamète serait ainsi un individu monoplastidien pola-
risé. La différenciation en androgamète et gynogamète provien-
drait de la disposition inverse des deux polarités. Ces deux polarités, identiques mais de sens contraire, disparaîtraient, dans la
gamie, en s'additionnant.

La différenciation, soit dans le sens mâle soit dans le sens
femelle, est antérieure à l'ontogénèse de la blastéa terminale.
Cette dernière, étant prédifférenciée comme blastéa terminale
mâle ou comme blastéa terminale femelle, donne, uniquement,
soit des androgamètes soit des gynogamètes. Il en résulte que si
le schéma de l'orthobionte peut commencer par une seule blastéa,
apte à donner un orthobionte se bifurcant en une branche mâle
et une branche femelle, cette bifurcation, dont la situation dans
l'orthobionte est variable dans la série des Etres vivants, entraîne ce fait que l'orthobionte se termine nécessairement par deux
alternances parallèles, une alternance terminale mâle et une
alternance terminale femelle. Cette duplicité existe déjà dans
l'alternance *C* et devrait figurer dans un schéma qui représen-
terait un orthophyte simple. Elle ne figure pas dans l'alternance
C du schéma de la planche 1, parce que les isogamètes parthénogénétiques semblent se comporter exactement de la même
manière, qu'ils soient mâles ou qu'ils soient femelles.

VÉGÉTAUX

VOLVOX AUREUS

VOLVOCACEAE

Le Sous-règne végétal débute par le Phyto-flagellate. De ce
dernier dérivent, d'une part, les Volvocaceae, Végétaux dont
l'évolution phylogénétique est restée stationnaire, et, d'autre

part, l'Ulothrix, forme extrêmement remarquable, dont les représentants actuels ont fidèlement conservé les caractères primitifs.

L'orthobionte de l'Ulothrix, que nous étudierons plus loin, est caractérisé par ce fait que, sans que les stades de blastéa disparaissent, les stades de plèthéa perdent leur état de plèthéa sporadique (sporadéa), pour prendre l'état de plèthéa filamenteuse non ramifiée (nématéa).

L'orthobionte des Volvocaceae est caractérisé par ce fait que les stades de plèthéa sont tous franchis à l'état monoplastidien et sont, ainsi, devenus virtuels. Cet orthobionte comprend une succession de blastéas qui, parvenues au terme de leur développement, mènent une vie libre, progressant dans l'eau, au moyen des mouvements coordonnés de leurs flagellums.

La coordination de ces mouvements s'effectue par les plasmonèmes, liaisons protoplasmiques primitives, résidus des fuseaux mitotiques des bipartitions qui demeurent, ainsi, incomplètes. Les plasmonèmes relient les noyaux d'un plastide avec ceux des plastides voisins et établissent, entre les plastides, à la fois des échanges nutritifs et une conduction d'influx cinétique.

Eudorineae

Les Volvocaceae peuvent être divisés en deux familles, celle des Eudorineae, ayant pour type l'Eudorina elegans, et celle des Volvoceae, ayant pour type le Volvox aureus.

Dans la famille des Eudorineae, les stades de blastéa sont composés, comme chez le Flagellate primitif, de plastides identiques entre eux qui deviennent, tous, des proplastides de nouvelles blastéas.

Volvoceae

La famille des Volvoceae se distingue de celle des Eudorineae par l'acquisition d'un caractère dont l'immense importance se mesure à ce fait qu'il est le principal déterminateur de l'édification des Sous-règnes végétal et animal. Cette acquisition est celle de cette division du travail qui constitue la différenciation ergasio-gonidienne.

BLASTÉA

Dans l'orthobionte du Flagellate, nous avons attribué la valeur de blastéa au groupe de plastides résultant du processus ontogénétique appellé sporulation, c'est-à-dire résultant de la série des bipartitions d'un plastide effectuée dans l'intérieur d'un kyste secrété par ce plastide.

Le motif de cette assimilation est que, les divisions s'effectuant à l'intérieur du kyste par des plans radiaires et conduisant à une nappe formée d'une seule strate de cellules, l'ontogénèse du groupe de plastide qui apparaît dans le kyste du Flagellate se montre être identique à celle de la blastéa volvocéenne qui, elle, a incontestablement la valeur d'une blastéa typique.

Différenciation ergasio-gonidienne

L'apparition de la différenciation ergasio-gonidienne, parmi les plastides d'un mérisme, est le résultat de la division du travail. Cette différenciation n'apparaît ni chez le Flagellate, ni chez l'Eudorina. Elle apparaît, de façon indépendante, chez le Volvox, chez les Végétaux dérivés de l'Ulothrix et chez l'Animal.

Chez l'Eudorina, la blastéa est formée, comme nous l'avons dit, de plastides identiques entre eux dont chacun devient le proplastide d'une nouvelle blastéa. Il n'y a, là, aucune différenciation ergasio-gonidienne.

Chez le Volvox, au contraire, la blastéa adapte un certain nombre de ses plastides à l'accomplissement d'un travail physiologique, surtout moteur et nourricier, travail, qui, absorbant la presque totalité de l'énergie des plastides qui s'y consacrent ne leur laisse plus les moyens de compenser leurs pertes.

Pendant un certain temps, ces plastides conservent encore l'aptitude à se multiplier par des bipartitions successives et conservent, même aussi, leur aptitude ancestrale primitive à devenir des proplastides. Mais, ils entrent bientôt, si avant, dans la voie de la spécialisation aux travaux auxquels ils se sont adaptés qu'ils ne peuvent plus en sortir. Ils sont, dès lors, inéluctablement condamnés à marcher, sans répit, vers cet effondrement final qui constitue la mort.

Ergasium et Gonidium

De ce qui précède, il résulte que les plastides de la blastéa volvocéenne se différencient en deux catégories.

Les plastides de la première de ces deux catégories, ceux que leur adaptation à un travail physiologique épuisant condamne à mourir, sont des *ergasies*. Leur ensemble constitue l'*ergasium* du mérisme qui est, ici, une blastéa.

Les plastides de la seconde des deux catégories utilisent le travail effectué par l'ergasium. Au lieu d'être condamnés à mourir, ils conservent, intacte, l'aptitude ancestrale à devenir le proplastide d'un nouveau mérisme et, grâce aux ergasies, développent et perfectionnent cette aptitude en se munissant de substances nutritives de réserve. Grâce à ces réserves leur développement s'effectuera très rapidement dès que les circonstances voulues se présenteront. Ces plastides évolutifs sont des *gonidies*. Leur ensemble constitue le *gonidium* du mérisme, ici, de la blastéa.

Nous avons dénommé proplastide, le plastide qui constitue l'état monoplastidien d'un mérisme et nous venons de voir que, s'il possède des ergasies, le mérisme est, grâce au travail de ces dernières, producteur de plastides évolutifs différenciés, appelés gonidies, aptes à devenir, à leur tour, des proplastides. *Gonidie* et *proplastide* sont, donc, deux dénominations qui s'appliquent à un seul et même plastide. La première s'applique à ce plastide tant qu'il doit être considéré comme faisant partie intégrante du mérisme dont il dérive; la seconde s'applique à ce même plastide dès qu'il a pris le caractère d'état monoplastidien du mérisme immédiatement suivant, dans la lignée considérée.

Parmi les caractéristiques les plus importantes à faire connaître pour définir un mérisme donné, figurent en première ligne :

       1° la nature de son proplastide,
       2° la nature de son ergasium,
       3° la nature de son gonidium.

C'est pour ce motif que ces trois caractéristiques tiennent une place importante dans les tableaux où nous résumons les orthobiontes des Etres vivants étudiés dans le présent travail.

ORTHOBIONTE DU VOLVOX AUREUS

L'orthobionte du Volvox aureus est un orthobionte simple, le développement parthénogénétique de l'oosphère étant, s'il se présente réellement, tout à fait exceptionnel.

Le tableau 2 est une description sommaire et la planche 2 est un schéma de cet orthobionte. Il n'y figure pas de stades de pléthéa, parce que ces derniers sont, tous, franchis à l'état monoplastidien, sous forme de gonidie (cladogonidie, androgonidie, gynogonidie). La série des blastéas intercalaires β a été réduite à la première β_1 et à la dernière β_n, qui est la blastéa gamétocytique. Les blastéas terminales, androgamétique et gynogamétique, sont des blastéas typiques.

Blastéa initiale α

Gamie

Chez le Volvox l'autogamie, dans l'intérieur d'une blastéa hermaphrodite, n'est pas normale. La gamie s'effectue, dans l'intérieur de la blastéa femelle ou hermaphrodite, entre une oosphère produite par cette blastéa et l'un des spermatozoïdes, venus du dehors. Le spermatozoïde est attiré précocément par la présence des oocytes ou cellules-mères de blastéas gyno-gamétiques.

Les spermatozoïdes semblent pénétrer, de préférence par la région phialoporique où une gelée très molle constitue une aire de moindre résistance. Le phialopore est, peut être, la voie de passage des substances qui produisent l'attraction chimiotactique des androgamètes. La pénétration de ces derniers dans la blastéa maternelle est précoce, car elle a lieu à un moment où les oocytes n'ont encore qu'un diamètre moitié de leur diamètre définitif. Les androgamètes laissent dans la gelée, sous forme d'un fin tractus, la trace de leur passage. Ils se groupent parfois dans la région centrale de la blastéa, en attendant que les oocytes aient atteint un développement suffisant.

Zygote

Dès que l'oocyte s'est développé en blastéa gamétique et a produit un gynogamète ou oosphère, un androgamète le féconde et le transforme en un zygote qui commence aussitôt à produire une enveloppe cystique unie, fragile, ayant environ 60 μ de diamètre extérieur. Chez le Volvox globator, le kyste n'est pas lisse, mais couvert de saillies qui le rendent étoilé.

La formation du kyste dure plusieurs jours. Elle s'effectue souvent, soit entièrement, soit partiellement, dans l'intérieur de la blastéa maternelle; mais elle s'effectue, tout aussi bien, en dehors d'elle, dans le cas fréquent où, pour une raison quelconque (destruction spontanée ou par des parasites) cette blastéa maternelle se détruit précocément.

Le zygote enkysté subit une déshydratation qui produit une diminution de son volume. Une masse gélifiée comble le vide qui existe entre le zygote et son enveloppe cystique. Le zygote enkysté prend, ensuite, une coloration rouge, due à la formation d'une huile de couleur rouge-orange, et entre dans une période de repos très longue car elle comprend la fin de la belle saison, et la totalité de l'hiver. La coloration rouge met la chlorophylle du zygote à l'abri des radiations photosynthétiques.

Développement du zygote

Au début de la belle saison, le zygote se développe par une série de bipartitions dont le nombre peut varier de 8 à 12, ce qui donne de 2^8 à 2^{12}, c'est-à-dire de 256 à 4096 plastides. Les nombres observés sont, en général, inférieurs aux puissances exactes de 2, parce que les bipartitions de quelques plastides, et en particulier celles des plastides qui doivent donner des gonidies, peuvent être un peu moins nombreuses que celles des autres plastides. Cependant, une numération assez précise fournit, presque toujours, des nombres assez voisins de ces puissances.

Les plastides restent serrés les uns contre les autres jusqu'au moment où ils ont atteint leur nombre définitif. Chacun d'eux s'entoure alors d'une membrane cellulaire dont la nature est un peu différente, mais probablement assez voisine, de celle de la cellulose. Ces membranes cellulaires, formées de strates qui s'apposent les unes à la suite des autres, en direction centripète se gélifient, se gonflent et, devenant très épaisses, écartent considérablement les uns des autres tous les plastides constitutifs de la blastéa. Ces plastides sont et restent réunis entre eux par des liaisons protoplasmiques primitives ou plasmonèmes, résidus des fuseaux des mitoses. Ces plasmonèmes suivent, sans se rompre, les progrès de l'écartement des plastides. Ils deviennent extrêmement fins, leur diamètre pouvant descendre au-dessous d'un quart de μ. Très peu de temps après que les plastides ont achevé leurs bipartitions et commencé à s'écarter les uns des autres, on voit apparaître la différenciation ergasio-gonidienne. Cette différenciation se traduit par ce fait que les plastides qui entrent dans la voie ergasienne ne grossissent plus guère, tandis que ceux qui entrent dans la voie gonidienne grossissent considérablement et, aussi, par ce fait que les plasmonèmes des gonidies se divisent en plasmonèmes multiples.

Bientôt, les gonidies qui ont atteint leur volume définitif commencent la série des bipartitions qui vont transformer chacune d'elles en une blastéa nouvelle. Cette transformation s'effectue, in situ, dans l'intérieur même de la blastéa maternelle. La jeune blastéa continue à être nourrie par la voie des plasmonèmes. Ayant dénommé androgonidie la gonidie mère d'androgamètes et gynogonidie la gonidie-mère de gynogamètes, les auteurs qui ont étudié le Volvox ont donné à la gonidie asexuée qui se développe directement, par ses propres moyens, la dénomination de parthénogonidie. Cette dénomination ne peut pas être conservée car il n'y a, ici, aucun processus parthénogénétique. On peut la remplacer par celle de cladogonidie.

Le gonidium de la blastéa α est composé uniquement de cladogonidies.

Blastéas intercalaires β

La blastéa α est suivie d'une série, parfois très longue, de blastéas intercalaires β dont les premières et en particulier la première β^1 ne diffèrent, en rien, de la blastéa α. Comme cette dernière, elles sont caractérisées par un gonidium exclusivement composé de cladogonidies.

Blastéas pénultièmes ou gamétocytiques β_n

Mais, il arrive un moment où l'on voit apparaître, dans les holobiontes, des individus qui possèdent un gonidium très varié, tant par la nature des gonidies (cladogonidies, androgonidies, gynogonidies), que par le nombre de ces dernières et par le degré du développement de celles d'entre elles qui_ont commencé à se diviser.

Mais, nous n'avons pas à entrer, ici, dans le détail decette diversité, bien connue, qui a déjà été rappelée précédemment. (Le Volvox, 1912, figures des pages 115, 117 et 119), car, dès que nous rencontrons, dans la lignée suivie, une blastéa contenant une androgonidie_(androgamétocyte ou spermatocyte) et une blastéa contenant une gynogonidie (gynogamétocyte ou oocyte) la série des blastéas intercalaires se trouve close par un couple de blastéas pénultièmes, gamétocytiques (une andro-gamétocytique et une gyno-gamétocytique, dans le cas, qui se présente réellement, où il y a dioecie).

Blastéas terminales gamétiques

Blastéa terminale androgamétique

L'andro-gamétocyte (androgonidie, ou cellule-mère d'androgamètes, ou proplastide de blastéa androgamétique) est homologue au spermogone du Fucus, qui est quelquefois appelé anthéridie mais, à tort, car il n'est pas homologue à l'anthéridie des Archégoniates. L'andro-gamétocyte du Volvox est homologue, aussi, au spermatocyte de 1er ordre de l'Animal.

L'androgamétocyte se développe, in situ, en une blastéa androgamétique, qui est, chez le Volvox aureus, soit une tablette de 8 à 16 androgamètes, soit une blastéa cupuliforme, presque ou plus qu'hémisphérique de 32 à 128 androgamètes, soit une blastéa parfaitement sphérique, pouvant comprendre jusqu'à 512 gamètes. Chez le Volvox globator, les blastéas andro-gamétiques, sphériques, sont formés de 64 à 1024 androgamètes.

Ainsi, le spermatocyte de 1er ordre de l'Animal est homologue au proplastide de la blastéa androgamétique du Volvox; les deux spermatocytes de 2e ordre de l'Animal sont homologues aux stades ontogénétiques de cette blastéa; les quatre spermatozoïdes de l'Animal sont homologues aux spermatozoïdes, dont le nombre est si variable, en lesquels se résout cette blastéa.

La libération des andro-gamètes clôt la branche mâle de l'orthobionte.

2

Blastéa terminale gynogamétique

Le gynogamétocyte (gynogonidie, ou cellule-mère de gynogamètes, ou proplastide de blastéa gynogamétique) est homologue à l'oogone du Fucus et à l'oocyte de 1er ordre de l'Animal.

Le gynogamétocyte se développe, in situ, en une blastéa gynogamétique dont un plastide est une oosphère évolutive tandis que les autres, sont des oosphères abortives.

L'oocyte de 1er ordre de l'Animal est homologue au proplastide de la blastéa gynogamétique du Volvox; l'oocyte de 2e ordre et le premier globule polaire de l'Animal sont homologues aux stades ontogénétiques de cette blastéa ; les trois globules polaires définitifs de l'Animal sont homologues aux oosphères abortives de la blastéa gynogamétique du Volvox; l'oosphère de l'Animal est homologue à l'oosphère du Volvox; le zygote de l'Animal est homologue au zygote du Volvox.

L'apparition de l'oosphère clôt la branche femelle de l'orthobionte.

ULOTHRIX ZONATA

Le tableau 3 et la planche 3 résument et schématisent l'orthobionte de l'Ulothrix.

Nous venons de voir que dans l'orthobionte du Volvox, les stades de blastéas sont considérablement développés, tandis que les stades de pléthéas, réduits à leur état monoplastidien, sont devenus, pour ainsi dire, virtuels.

Dans l'orthobionte de l'Ulothrix, au contraire, les stades de blastéas ont conservé un état primitif, assez réduit. Mais, les stades de pléthéas sporadiques (sporadéas) de l'ancêtre Flagellate se sont transformés en stades de pléthéas filamenteuses.

Ces pléthéas filamenteuses, sont représentatives de l'initium des parties principales de presque tous les Végétaux, à l'exclusion, des Volvocaceae. Ce sont les filaments de l'Ulothrix qui, par divers processus ont formé les parties les plus volumineuses de toutes les Algues et de tous les Cormophytes. Ils ont produit les Algues ramifiées, les Algues siphonées, les Algues formées d'une lame plus ou moins massive. Ils ont donné ces cellules initiales, en forme de coin ou de pyramide dont les bipartitions produisent ces cellules-mères de segments dont le fonctionnement, créateur de tissus massifs segmentés, est le processus essentiel de l'édification des parties principales de la plante chez les Mousses, les Fougères et les Phanérogames. L'Ulothrix est, par conséquent, une forme extraordinairement importante au point de vue de la phylogénèse de l'orthobionte du Végétal.

L'Ulothrix zonata est une Chlorophycée, à cycle évolutif annuel, hivernal, qui se présente sous l'aspect de filaments unis, légèrement coniques lorsqu'ils sont jeunes, régulièrement cylindriques lorsqu'ils sont plus âgés, plus ou moins moniliformes à certains stades de leur développement. Ces filaments ne sont jamais ramifiés.

ALTERNANCE INITIALE A

Blastéa α

La gamie a lieu au début du printemps. Les isogamètes sont biflagellés. Ils nagent librement et les couples qui se rencontrent s'unissent, d'abord par leurs flagellums, ensuite par leur extrémité effilée hyaline et, enfin, par leur flanc. Le sillon de soudure s'efface peu à peu.

Le zygote, conservant, intacts, les 2 flagellums de l'androgamète et les deux flagellums du gynogamète est quadriflagellé et sa descendance va conserver l'aptitude à donner des agamètes monoplastidiens quadriflagellés jusqu'au moment où apparaîtront des gamètes biflagellés aptes à prendre part à une gamie ou à se développer parthénogénétiquement.

Le zygote grossit un peu, grâce au fonctionnement photosynthétique immédiat de son volumineux chloroplaste, puis tombe au fond de l'eau. Sa partie pointue, cytoplasmique claire, étant notablement plus dense que sa partie chlorophylienne renflée, il se place verticalement, la pointe en bas. Si les zygotes sont nombreux dans un espace restreint, ils s'accumulent au fond de l'eau et forment des petits tapis dans lesquels ils se trouvent serrés les uns contre les autres. Leur ensemble présente l'aspect d'une surface couverte de cellules vertes arrondies. Ils ne tardent pas à se fixer solidement par leur extrémité hyaline.

Pendant le printemps, le zygote continue encore à augmenter un peu de volume, sans subir aucune division. Puis, il s'entoure d'une enveloppe kystique, prend une coloration rouge qui soustrait sa chlorophylle à l'action des radiations lumineuses, cesse de croître et entre dans une période de repos qui dure tout l'été.

Si, par hasard, quelques agamètes, ou quelques gamètes n'ayant pas pris part à une gamie, se trouvent intercalés parmi les zygotes, ils se développent immédiatement en filaments qui s'élèvent, sporadiquement, à la surface du tapis formé par les zygotes quiescents, tapis qui est plus ou moins bosselé par suite des pressions latérales réciproques des zygotes.

La croissance, non accompagnée de division, reprend à l'automne. Dès que les froids de l'hiver surviennent, les bipartitions commencent et produisent une blastéa formée de 8 à 16 plastides disposés périphériquement autour d'un petit blastococle, qui contient, dans une substance gélifiée, des parties résiduelles, abandonnées au cours des bipartitions.

Plèthéa a

L'apparition et le gonflement d'une substance gélifiée fait éclater l'enveloppe kystique et en expulse la blastéa α. Ensuite, le gonflement de la gelée qui remplit le blastocèle fait éclater l'enveloppe propre de la blastéa. Les plastides blastéens acquièrent immédiatement 4 flagellums, se libèrent plus ou moins vite et plus ou moins facilement des restes de l'enveloppe et des fragments de gelée, puis partent à la nage. Ce sont les premiers agamètes quadriflagellés.

Après avoir accompli une courte randonnée disséminatrice, ou s'être laissé entraîner par le courant de l'eau, l'agamète cesse ses mouvements, tombe au fond de l'aquain, perd ses 4 flagellums et se fixe solidement par sa pointe hyaline. Il s'enveloppe d'une membrane cellulosique souple et extensible et se développe, par une succession de bipartitions.

Toutes les bipartitions étant parallèles entre elles, et s'effectuant dans l'intérieur de la membrane tubulaire cellulosique, sont génératrices d'un filament.

La succession des bipartitions s'effectue dans l'ordre indiqué, par un numérotage, sur la plèthéa a, dans le schéma de la planche 3.

Dans ce schéma, tous les filaments de l'orthobionte sont représentés au stade de $2^4 = 16$ cellules. Ces 16 cellules sont apparues simultanément par suite des quatrièmes bipartitions qui, donnant $2^{(4-1)} = 8$ cloisons, ont biparti chacune des 8 cellules préexistantes.

En réalité, les bipartitions peuvent atteindre et même dépasser, en 10 jours, le stade 10 qui est, si l'on néglige l'erreur résultant d'un arrêt plus ou moins précoce des bipartitions de la cellule podale, générateur de $2^{10} = 1024$ cellules. Les choses se passent, ici, exactement comme pour la plèthéa sporadique du Flagellate avec cette seule différence que la présence d'une membrane cellulosique tubulaire, emprisonnante, fait, de l'ensemble des plastides issus des bipartitions, un ensemble de cellules assemblées en un filament formé d'une seule file de cellules.

Dans un filament d'Ulothrix, toutes les cellules sont ainsi, au moins au début, toutes du même âge, puisqu'elles proviennent, toutes, d'un même stade de bipartition. Toutefois, il peut arriver, à un certain moment, que les bipartitions cessent dans la région de l'extrémité libre tandisqu'elles continuent dans la région de l'extrémité fixée.

Le développement, en blastéas, n'est pas simultané pour tous les plastides d'un même filament. Ce développement commence d'autant plus tôt, et progresse d'autant plus rapidement, que le plastide considéré est plus voisin de l'extrémité libre du filament.

Croissance du filament

Croissance en longueur

Toutes les cellules du filament, sans autre exception que la cellule podale, continuent à se diviser jusqu'à la fin de la croissance. Elles contribuent ainsi, chacune pour sa part, à l'allongement du filament. La cellule podale se comporte souvent de même pendant un certain temps, mais, elle ne tarde pas à cesser ses divisions.

En général, chaque cellule du filament prélude à sa division en s'allongeant jusqu'à ce que sa longueur dépasse notablement son diamètre. Le chloroplaste forme alors une ceinture verte, qui n'occupe plus que la région moyenne du pourtour cylindrique de la cellule. C'est pendant la nuit que s'effectue la division cellulaire. La ceinture chlorophyllienne se partage en deux ceintures parallèles qui s'écartent l'une de l'autre et se portent, chacune au milieu de la longueur correspondant à l'une des deux nouvelles cellules. La formation des cloisons transverses s'effectue de bon matin, sous l'action de la lumière solaire. Il y a ainsi une longue répétition alternante, généralement journalière, d'allongement suivi de division et de cloisonnement.

Le résultat des divisions est une croissance rapide du filament. Le nombre des cellules peut atteindre 16, le quatrième jour, 256, le huitième et 1024, le dixième; mais, à mesure que le nombre des bipartitions devient plus grand, l'allongement relatif diminue et les cellules arrivent à ne plus avoir, dans les filaments âgés, qu'une longueur inférieure à leur diamètre.

Croissance en diamètre

Les filaments âgés accroissent simultanément et également le diamètre de toutes leurs cellules. La cellule podale, toutefois, ne s'accroit que dans sa partie supérieure où elle égale le diamètre de sa voisine. Sa partie fixée demeure étroite.

Dans les jeunes filaments, l'accroissement en diamètre marche. plus vite du côté de la partie libre que du côté de la partie fixée. Il en résulte que le filament prend une forme conique. Le diamètre de l'extrémité libre peut atteindre jusqu'à quatre fois le diamètre de la partie voisine de la cellule podale, mais cela n'est que momentané, et, la différence s'effaçant complètement, le filament plus âgé devient cylindrique.

Les filaments provenant du développement des agamètes quadriflagellés conservent, pendant leur développement, une forme unie. Ils ne montrent guère ces renflements multicellulaires, successifs, que les filaments résultant du développement des gamètes parthénogénétiques biflagellés présentent, momentanément, au cours de leur développement. Il en résulte que, à quelques irrégularités près, le développement des blastéas β et leur expulsion finale progressent, sur le filament, en allant de son extrémité apicale libre vers son extrémité podale fixée. Cela explique que l'on rencontre des filaments présentant cinq régions distinctes, à savoir, en allant de l'extrémité fixée vers l'extrémité libre.

1° Une région où les cellules du filament sont encore en voie de multiplication par bipartition linéaire;

2° Une région où ces cellules se transforment en proplastides aptes à se développer en blastéas;

3º Une région où s'effectuent et s'achèvent les bipartitions radiaires qui constituent l'ontogénèse blastéenne;

4º Une région où les blastéas sont en voie d'expulsion ;

5º Une région où, les blastéas ayant été expulsées, les logettes sont ouvertes et vides.

Evanouissement de la plèthéa a

La succession, plus ou moins longue, des bipartitions cellulaires conduit à un nombre de cellules qui est très variable suivant les circonstances. Finalement, la plèthéa filamenteuse s'évanouit par la mort de sa cellule podale, qui présente ainsi le caractère d'une ergasie, et par la transformation, intégrale, de toutes ses autres cellules en proplastides qui se développent, in situ, en blastéas et sont expulsées. Du filament, il ne reste plus que le tube cellulosique cloisonné, perforé et vidé, qui constitue son squelette.

ALTERNANCE INTERCALAIRE B

A la suite de l'alternance initiale A, apparaît ,au cours de l'hiver, même dans la glace, une succession, plus ou moins longue et très disséminée dans l'espace, d'alternances B_1, B_2, B_3... B_n que nous schématisons en une alternances intercalaire unique B.

Blastéa β

Sauf celui qui est logé dans la cellule podale, et qui, de ce fait, a acquis un caractère ergasial, tous les plastides constitutifs de la plèthéa filamenteuse *a* deviennent des proplastides de blastéas intercalaires agamétigènes. Chacun de ces plastides s'entoure d'une membrane propre, se gonfle, oblige les parois externes de la logette qui le contient à prendre la forme d'un court tonnelet, puis se divise.

Nombre et direction des bipartitions

L'ontogénèse de la blastéa agamétigène comporte 0 ou 1 ou 2 ou 3 bipartitions successives donnant 1 ou 2 ou 4 ou 8 agamètes quadriflagellés.

Il y a des filaments où les proplastides donnent, sans ordre régulier, les uns un seul, les autres deux agamètes. Dans d'autres, tous les proplastides donnent deux agamètes. Les gros filaments produisent de gros proplastides aptes à se développer en blastéas composées de 4 ou de 8 agamètes quadriflagellés.

Dans le cas d'une bipartition donnant 2 agamètes, ces derniers sont couchés dans le même sens, mais ce sens varie sur le filament.

Dans le cas de 2 bipartitions, donnant 4 agamètes, le proplastide se divise en 2 par une cloison transversale, puis en 4 par deux cloisons longitudinales situées dans un même plan ou dans deux plans croisés.

Dans le cas de 3 bipartitions, donnant 8 agamètes, les deux premières bipartitions s'effectuent comme dans le cas de 4 agamètes, et la troisième par des plans longitudinaux perpendiculaires aux plans longitudinaux de la deuxième bipartition. Dans tous les cas, les plans de bipartition sont toujours perpendiculaires à la surface de la logette, de manière à ne donner que des plastides pariétaux, de nature blastéenne.

Dès que la blastéa est parvenue au terme de son ontogénèse, une aire circulaire se gélifie sur la paroi externe de la logette qui contient cette blastéa. Cette aire gélifiée de grandeur variable peut atteindre toute la longueur de la logette. En même temps une masse de gelée se forme dans l'intérieur de la logette aux dépens, soit de sa surface interne, soit de la surface externe de la membrane propre de la blastéa. Sous la pression exercée, sur elle, par cette gelée dont le volume s'accroît très rapidement par absorption d'eau, la blastéa est expulsée. Cela se passe le matin, de bonne heure. Dès que la blastéa est sortie, la gelée qui remplit son blastocèle se gonfle, fait éclater l'enveloppe de la blastéa et les plastides constitutifs de cette blastéa se séparent les uns des autres et sont libérés. Chacun d'eux émet immédiatement quatre flagellums et part à la nage.

Agamète quadriflagellé

Structure

Les agamètes quadriflagellés, comme les gamètes biflagellés, sont des répétitions parfaites de l'état de Flagellate libre. Les agamètes quadriflagellés sont caractérisés par leur taille comprise entre 12 et 18 μ, par leurs quatre flagellums disposés suivant les génératrices d'un cône et également espacés les uns des autres.

Un stigma de forme allongée, partie différenciée de la bordure du chloroplaste fait une légère saillie sur le flanc de l'agamète.

Une vacuole pulsatile, située dans la partie claire antérieure, au voisinage de la base des flagellums, se contracte quatre ou cinq fois par minute.

Le noyau du proplastide de la blastéa s'est divisé pour donner les noyaux des agamètes quadriflagellés, mais ces noyaux sont invisibles et ne peuvent être mis en évidence que par une technique appropriée.

Mouvements

Lorsqu'un de ces agamètes se présente à l'observation par son extrémité flagellée, les quatre flagellums, qui sont en réalité situés suivant les génératrices d'un cône, se montrent placés en croix et tournent comme les rayons d'une roue. Ce mouvement n'est autre chose que le mouvement de rotation d'ensemble de l'agamète et de ses flagellums. La cause de cette rotation d'ensemble est que chacun des flagellums étant constamment parcouru par une longue ondulation et les ondulations des quatre flagellums étant coordonnées entre elles, il y a production de quatre poussées réactionnelles qui déterminent une rotation régulière, susceptible d'alternance de son sens. Cette rotation s'effectue, souvent, pour l'agamète vu par son extrémité flagellée, dans le sens dans lequel on voit tourner les aiguilles d'une montre.

L'obliquité des quatre poussées donne, de plus, une résultante qui, dirigée suivant l'axe de l'agamète détermine sa progression.

Les agamètes quadriflagellés, libérés dans les conditions normales, nagent pendant une demi-heure. Ils montrent, aussi bien sous l'action de la lumière naturelle que sous celle de la lumière artificielle, un héliotropisme positif.

Lorsqu'il a terminé ses pérégrinations disséminatrices, l'agamète quadriflagellé monte à la surface de l'eau, grâce à sa faible densité, et se porte sur les ménisques périphériques de l'aquaim ou sur ceux produits par les corps qui y flottent. Il perd ses flagellums et se fixe par son extrémité effilée hyaline.

Plèthéa b

L'agamète quadriflagellé provenant de la blastéa β devient le proplastide de la plèthéa b. Dès qu'il s'est fixé, cet agamète devient sphérique, s'entoure d'une membrane cellulosique, puis s'accroît dans deux directions opposées. Dans l'une, il forme un rhizoïde adhésif, tandis que, dans l'autre, il montre une croissance très active. Bientôt, commencent les bipartitions qui constituent le développement de l'agamète en un filament formé d'une seule file de cellules. Le stigma de l'agamète demeure visible jusqu'au stade de quatre cellules. Il est logé dans l'une d'entre elles ; mais il ne tarde pas à dégénérer, à se décolorer et à disparaître. Les cellules du filament s'allongeant rapidement, les chloroplastes dont les dimensions sont restreintes, ne peuvent former qu'une étroite ceinture entourant la région moyenne de la paroi cylindrique de la cellule. Le résultat des bipartitions est un filament qui s'accroît en longueur et en diamètre.

Ce filament est un mérisme, puisqu'il est produit par un proplastide (agamète quadriflagellé) et qu'il transforme toutes ses cellules, sauf sa cellule podale, qui constitue un ergasium minuscule, en gonidies qui deviennent des proplastides formateurs de blastéas.

Il arrive, quelquefois, que la blastéa se disloque avant d'être complètement sortie du filament et qu'un agamète quadriflagellé reste emprisonné dans l'intérieur de la logette. Dans ce cas, après avoir effectué quelques mouvements, cet agamète se développe, exactement comme s'il avait essaimé. Sa cellule podale se fixe sur la paroi de la logette et son extrémité libre sort par l'orifice qui a livré passage au reste de la blastéa.

La plèthéa b croît et s'évanouit par les mêmes processus que la plèthéa a.

Le dernier filament intercalaire, b_n, de l'orthobionte peut-être dit gamétocytique car il produit, comme nous allons le voir, des blastéas composées d'isogamètes. Les isogamètes provenant d'une même blastéa ne s'accouplent jamais entre eux dans une gamie. Cette dernière n'a lieu qu'entre isogamètes provenant de deux blastéas gamétiques différentes. La blastéa gamétique ne fournit donc que des gamètes d'un seul sexe. Le dernier filament intercalaire de l'orthobionte produit, en général, à la fois des blastéas agamétiques, des blastéas gamétiques mâles et des blastéas gamétiques femelles. Ce filament est donc normalement à la fois agamétique, androgamétocytique et gynogamétocytique.

ALTERNANCE GAMÉTIQUE, ÉVENTUELLEMENT TERMINALE C

A la fin de la série, plus ou moins longue, des alternances agamétiques intercalaires B_1, B_2... B_n, série que nous avons schématisée par une alternance intercalaire unique B, nous venons de voir apparaître, sur le dernier filament intercalaire b_n :

1º des blastéas qui se résolvent en agamètes quadriflagellés, aptes seulement à produire de nouveaux filaments semblables à ceux que nous venons d'étudier;

2º des blastéas γ qui se résolvent en gamètes biflagellés, gamètes qui sont aptes :

a) Soit à prendre part, les uns comme androgamètes, les autres comme gynogamètes, à une gamie à laquelle l'identité, apparente mais non réelle, des éléments qui s'unissent, donne le caractère d'une isogamie.

b) Soit, s'ils ne trouvent pas l'occasion de prendre part à une gamie, à se développer en un filament parthénogénétique présentant quelques caractères secondaires qui permettent de le différencier des filaments d'origine agamétique.

Ces deux sortes de blastéas, les agamétigènes et les gamétigènes, sont irrégulièrement réparties, les unes par rapport aux autres, sur le filament dont elles proviennent, et, avant ou au début de leurs bipartitions, elles ne présentent aucun caractère permettant de les distinguer les unes des autres. Malgré cette similitude apparente, les proplastides qui se développent en blastéas composées de gamètes ont la valeur de gamétocytes.

Dans la lignée orthobiontique que nous suivons, nous n'avons plus à nous occuper des blastéas agamétigènes; mais seulement, d'un couple, mâle et femelle, de blastéas gamétigènes γ.

Blastéas γ

Nombre des bipartitions

Lorsque, sur un filament d'Ulothrix, une cellule devenue proplastide de blastéa ne subit que 0, 1 ou 2 bipartitions successives,

autrement dit, lorsque la blastéa demeure mono- ou di- ou tétraplastidienne et ne se résout, par conséquent, qu'en 1 ou 2 ou 4
Flagellates, ces derniers sont toujours des agamètes quadriflagellés. Très exceptionnellement, le cas de 2 bipartitions peut donner 4 gamètes biflagellés.

Dans le cas de 3 bipartitions, génératrices de 8 Flagellates, ces
derniers sont, suivant les circonstances, et en particulier suivant
la grosseur du filament producteur, soit 8 agamètes quadriflagellés soit 8 gamètes biflagellés.

Lorsque le nombre des bipartitions est de 4 ou de 5 ou de 6, les
16 ou 32 ou 64 Flagellates libérés sont, toujours, des gamètes
biflagellés.

Direction des bipartitions

Dans le cas de 3 bipartitions, donnant 8 gamètes biflagellés,
les divisions s'effectuent exactement comme il a été dit, précédemment, pour la formation, par 3 bipartitions, de 8 agamètes
quadriflagellés.

Dans le cas de 4 bipartitions, c'est-à-dire de 16 gamètes, la
quatrième division se fait par des plans radiaires.

Dans le cas de 5 bipartitions, c'est-à-dire de 32 gamètes, la
cinquième division se fait par 2 plans transversaux nouveaux, en
sorte qu'il y a, en tout, 3 plans transversaux et, par conséquent,
4 étages de plastides.

Dans le cas de 6 bipartitions, c'est-à-dire de 64 gamètes, la
sixième division s'effectue par des plans radiaires.

Disposition blastéenne des gamètes

L'assimilation à une blastéa, du mérisme qui se développe dans
chacune des logettes du filament, est justifiée par ce fait que les
divisions ne sont jamais tangentielles, ce qui pourrait conduire
à une disposition massive, mais qu'elles sont toujours perpendiculaires à la surface du proplastide. Cela donne, nécessairement,
des plastides disposés en une seule assise pariétale. Cette disposition ne s'établit pas secondairement. Elle est primitive, car les
plastides la présentent dès leur individualisation.

Les plastides blastéens, ainsi disposés pariétalement, s'entou-
rent d'une membrane gélifiable et forment une petite masse de

gelée blastocélienne centrale, homologue de la gelée centrale de l'Eudorina et du Volvox.

Le chloroplaste qui est déjà pariétal dans le proplastide, se divise en autant de petits chloroplastes pariétaux qu'il y aura de gamètes. Au moment où le gamétide se transforme en gamète, les flagellums apparaissent sur la partie tournée vers l'extérieur.

Le processus de la division conduit ainsi à une blastéa identique, par son ontogénèse et par sa constitution, à une véritable blastéa volvocéenne.

Dans le cas de 6 bipartitions génératrices de 64 gamètes, ce qui est le cas le plus compliqué qui se présente chez l'Ulothrix, on a quatre étages composés chacun d'une couronne de 16 gamètes pariétaux. C'est une blastéa emprisonnée dans une logette cylindrique.

Si, au lieu de rompre précocement leurs liaisons protoplasmiques de bipartition, les gamètes conservaient ces liaisons sous forme de plasmonèmes, la disposition des plans de bipartition conduirait certainement à une blastéa identique à la blastéa volvocéenne. La ressemblance morphologique serait complétée par la possession d'un phialopore, de gelée blastocélienne, de gelée interplastidienne, et de gelée périphérique traversée par les flagellums.

Il y a, persistance, pendant toute la durée de l'ontogénèse, aussi bien pour la blastéa de l'Ulothrix que pour celle du Volvox, d'une enveloppe gélifiable extensible externe. Cette enveloppe n'est autre chose que la membrane propre du proplastide de la blastéa, membrane qui, grâce à son élasticité et à une gélification progressive, se dilate sous l'action de la distension produite par l'accroissement du volume de la blastéa qu'elle protège, et par une introduction d'eau par osmose.

Epoque d'apparition des blastéas gamétiques

L'expulsion, hors des logettes du filament, des blastéas gamétiques s'effectue comme celle des blastéas agamétiques par la poussée résultant de la gélification et du gonflement de strates cellulosiques internes.

Il peut y avoir apparition hivernale, c'est-à-dire assez précoce, de quelques blastéas gamétiques. Mais, ces dernières ne sont certainement pas nombreuses à ce moment, car la proportion du nombre des gamètes biflagellés à celui des agamètes quadriflagellés est toujours très faible pendant l'hiver. C'est seulement au printemps que les blastéas gamétiques apparaissent en grand nombre.

L'expulsion des blastéas gamétiques hors des logettes des filaments est probablement en rapport avec l'assimilation chlorophyllienne car elle s'effectue surtout le matin de très bonne heure d'autant plus tôt que le temps est plus clair. Elle peut se prolonger pendant toute la journée, mais elle cesse toujours au coucher du soleil.

Plèthéa c

Gamète

Dès que l'enveloppe de la blastéa gamétique s'est déchirée sous l'action du gonflement de la gelée interne, les gamètes sont libérés. On les voit pendant quelques instants, autour de la petite masse de gelée blastocoelienne autour de laquelle ils étaient disposés en ordre blastéen, et, parfois ils restent momentanément empêtrés dans les débris de la gelée qui les entourait. Dès qu'ils sont parvenus à se dégager ils partent à la nage et se disséminent.

Comme l'agamète, le gamète possède, un stigma saillant, rouge, une vacuole pulsatile, un chloroplaste et un noyau qui ne peut-être rendu visible que par une coloration.

Mais, tandis que l'agamète possède quatre flagellums, le gamète n'en possède que deux. La longueur des gamètes étant comprise entre 6 et 12 μ et celle des agamètes entre 12 et 18 μ il en résulte que les plus grands gamètes peuvent atteindre la longueur des plus petits agamètes.

Les différences de grandeur des gamètes sont dues, d'abord, à la différence de grosseur des filaments, laquelle entraîne une différence de grosseur des proplastides des blastéas gamétiques. Elles sont dues, ensuite, au nombre des bipartitions qui constituent l'ontogénèse de la blastéa gamétique. Il y a toutefois, en général, une compensation régulatrice résultant de ce que le nombre des bipartitions est d'autant plus grand que le proplastide du méride gamétique est plus gros.

Les gamètes se meuvent comme les agamètes et par le même processus, mais, lors de la gamie, ils montrent un héliotropisme négatif.

Cas où le gamète trouve l'occasion de prendre part à une gamie

Si, au cours de ses pér"[egrinations]", le premier gamète qui se présente à nous dans la lignée que nous suivons, rencontre un partenaire de sexe opposé, il se réalise une gamie dans laquelle les deux gamètes s'évanouissent, comme tels, pour être remplacés par un zygote.

Dans ce cas, la plèthéa c est représentée simplement par le gamète qui prend part à la gamie, l'orthobionte est clos et cet orthobionte est simple. Ce cas se présentera très fréquemment, si les gamètes se trouvent confinés dans un espace restreint.

Cas où le gamète se développe parthénogénétiquement

Il peut arriver, par exemple s'ils sont entraînés par le courant, que les gamètes soient très disséminés et, l'attraction chimiotactique sexuelle ne s'exerçant qu'à très faible distance, que des gamètes ne trouvent pas l'occasion de prendre part à une gamie.

Mais, chez l'Ulothrix, le gamète possède, comme l'agamète, tout ce qui lui est nécessaire pour vivre par ses propres moyens. Il possède : un stigma, qui lui permet de percevoir les radiations lumineuses, une paire de flagellums, qui lui permettent de se déplacer, des réserves nutritives, qui assurent son alimentation pendant quelque temps, un chloroplaste, qui lui permet d'entretenir ces réserves, et, enfin, une vacuole pulsatile, qui pourvoit à la fonction de l'excrétion. C'est, en réalité, un Flagellate parfaitement complet, et la manifestation d'une polarité attractive, sexuelle, n'est nullement, pour lui, une cause de mort. Il résulte de tout cela que si le gamète ne trouve pas l'occasion de prendre part à une gamie il devient le proplastide parthénogénétique d'une plèthéa filamenteuse c, composée d'un grand nombre de cellules.

La différenciation mâle ne se traduisant pas par une réduction du volume du cytoplasme de l'androgamète, il est vraisemblable que ce dernier est tout aussi apte que le gynogamète à se développer parthénogénétiquement et que les filaments produits par l'androgamète sont identiques à ceux qui sont produits par le gynogamète.

Le développement parthénogénétique du gamète chez l'Ulothrix est un fait très important parce qu'il est probablement représentatif de l'initium du processus qui a conduit à l'alternance sporophyto-gamétophytique de générations.

Tandis que le zygote passe, comme nous l'avons vu, par une période estivale de repos, le gamète parthénogénétique, c'est-à-dire le gamète qui n'arrive pas, à bref délai, à prendre part à une gamie se développe immédiatement.

Le filament résultant des bipartitions du gamète parthénogénétique ne différencie pas de cellule ergasiale podale de fixation et ses deux extrémités sont hémisphériques et exactement semblables entre elles. Au lieu de se fixer, il se laisse entraîner par le courant. C'est un filament disséminateur. Il est notablement plus petit que le filament résultant du développement de l'agamète quadriflagellé et ses cellules sont relativement plus courtes.

Tandis que, dans le filament issu de l'agamète quadriflagellé, les cellules s'allongent si vite que leur chloroplaste ne peut, bientôt plus ceinturer que leur région moyenne, ici, l'allongement, est notablement plus lent, en sorte que le chloroplaste ne cesse guère de recouvrir toute la face latérale de sa cellule.

Le filament résultant du développement du gamète parthénogénétique est d'abord régulièrement cylindrique, mais, bientôt, par suite de leur accroissement en volume, ses cellules se renflent en forme de tonnelets séparés par des étranglements. Les renflements se conservent un certain temps, pendant que les bipartitions continuent à s'effectuer. Cela résulte de ce que les deux cloisons qui limitent la cellule initiale de la partie renflée restent en retard, dans leur développement, par rapport aux cloisons transversales nouvelles. Les renflements arrivent ainsi à être composées de plusieurs cellules, provenant, toutes, des bipartitions d'une même cellule initiale. On peut rencontrer sur le même filament des renflements formés d'une, de deux, de quatre ou de huit cellules. Le maximum est de seize. Quelquefois, il y a au milieu du renflement, un léger étranglement secondaire, correspondant au stade bicellulaire du renflement. Ultérieurement, ces renflements s'effacent par suite de la croissance des cloisons transverses correspondant aux étranglements et le filament devient régulièrement cylindrique.

Malgré ces différences de détail, le filament résultant des plus gros gamètes biflagellés peuvent ressembler, à s'y méprendre, aux filaments produits par les plus petits des agamètes quadriflagellés.

Il arrive, parfois, qu'une blastéa gamétique n'est pas expulsée ou n'est expulsée que partiellement, hors de la logette dans l'intérieur de laquelle elle s'est développée. Dans ce cas, les gamètes se développent parthénogénétiquement, in situ, et immédiatement. On voit, par exemple, seize embryons emprisonnés dans chacune des logettes non évacuées. Ces embryons ne tardent généralement pas à rompre les parois de leur prison et il en résulte que l'on rencontre des filaments d'Ulothrix hérissés d'une multitude de petits filaments naissants.

Les filaments qui se développent ainsi en groupes, souvent au nombre de seize par logette, ne proviennent pas, même lorsqu'on n'en voit sortir que quatre de chaque logette, d'agamètes quadriflagellés. Cela est certain, d'abord parce que ces filaments sont très petits, ensuite parce qu'ils ne différencient pas de rhizoïdes ce que les agamètes quadriflagellés font toujours, même lorsque, par un hasard exceptionnel, ils se développent dans l'intérieur d'une logette.

Ce ne sont pas, non plus, des zygotes, résultant d'une gamie qui se serait effectuée dans l'intérieur de la logette, parce que le zygote ne se développe pas sous forme de plèthéa filamenteuse, mais sous forme de blastéa, et que ce développement ne commence jamais immédiatement, mais seulement après une période de repos qui se prolonge pendant toute la durée de l'été.

ALTERNANCE PARTHÉNOGÉNÉTIQUE INTERCALAIRE ÉVENTUELLE D

Blastéa δ et Plèthéa d

L'agamète quadriflagellé est, comme nous l'avons vu, le proplastide d'un filament dont chaque cellule devient le proplastide d'une blastéa. Sur un même filament de cette catégorie, les blastéas sont :

a) Au début de l'orthobionte, tous producteurs d'agamètes quadriflagellés.

b) Ensuite, les uns, producteurs d'agamètes quadriflagellés et, les autres, de gamètes biflagellés.

c) Enfin, tous, producteurs de gamètes biflagellés.

Quant au gamète biflagellé, qui se développe parthénogénétiquement, il est, lui aussi, le proplastide d'un filament dont chaque cellule devient le proplastide d'une blastéa. Il est probable que toutes ces blastéas sont productrices uniquement de gamètes biflagellés. Il est à peu près certain que les gamètes biflagellés issus de la plèthéa filamenteuse d'origine parthénogénétique demeurent aptes, suivant les circonstances rencontrées, soit à prendre part à une gamie, soit à se développer encore parthénogénétiquement.

Si le gamète se développe parthénogénétiquement il donne une plèthéa d.

On peut avoir ainsi une succession d'alternances parthénogénétiques intercalaires D_1. D_2... D_n que nous schématisons par l'alternance parthénogénétique, éventuelle, unique, D.

ALTERNANCE PARTHÉNOGÉNÉTIQUE TERMINALE E

Blastéa ε et Plèthéa monoplastidienne θ

Finalement, que la série des alternances D soit nulle, courte ou longue, l'orthobionte se clôt par une alternance E qui comprend une blastéa ε et un gamète qui s'évanouit dans une gamie et qui a la valeur d'une plèthéa e monoplastidienne.

SPIROGYRA

Le Spirogyra est une Conjuguée dont l'orthobionte comporte l'alternance de générations, dite sporophyto-gamétophytique, sur laquelle nous reviendrons plus loin, lorsque nous étudierons l'orthobionte d'un Cormophyte. Cette algue verte se présente sous forme de filaments lisses, cylindriques à une seule file de cellules. Chacune de ses cellules possède un ou plusieurs chloroplastes pariétaux, spiralés, dont chacun contient plusieurs pyrénoïdes. Le noyau est entouré d'une petite masse de protoplasme que de fins tractus, de même nature, maintiennent, suspendue, dans le suc cellulaire qui remplit la majeure partie de la cellule.

Malgré la continuité du filament, ses plastides constitutifs arrivent à se séparer complètement les uns des autres, ne conservant, entre eux, aucune liaison proplasmique interplastidienne. Le filament de Spirogyra est, ainsi, une colonie d'individus monoplastidiens ayant, comme le filament de l'Ulothrix, la valeur d'une plèthéa filamenteuse.

SPOROPHYTE

Blastéa initio-gamétique (α, γ)

La gamie s'effectue entre les plastides d'un filament et les plastides d'un autre filament, les deux filaments s'étant placés paral-

lèlement l'un contre l'autre. Les cellules partenaires se mettent
en communication par deux petites évaginations des membranes cellulosiques, évaginations qui se soudent, puis se mettent en
communication, formant ainsi un tube de gamie.

L'un des filaments est mâle, l'autre est femelle. Les plastides
qui s'unissent ainsi dans une gamie sont, l'un, un androgamète,
l'autre, un gynogamète. L'androgamète est le plastide qui, tout
entier ou en laissant une masse résiduelle dans sa cellule, se porte
vers son partenaire, le gynogamète, qui, lui, reste dans sa cellule.
Exceptionnellement la gamie peut avoir lieu entre 2 cellules d'un
même filament qui se montre ainsi hermaphrodite.

Le zygote résultant de la gamie est une masse protoplasmique
entourée de chloroplastes spiralés et contenant un noyau mâle
et un noyau femelle. Après l'union plus ou moins tardive, des
deux noyaux gamétiques, le zygote est pourvu d'un gros noyau
qui se divise, immédiatement, sans période de repos.

Les alternances initiale A et intercalaire B sont franchies à
l'état monoplastidien et sont, par conséquent, virtuelles. La
première blastéa est donc, à la fois, initiale et gamétique.

En effet, le développement du zygote consiste en deux mitoses
successives qui comportent une méose. C'est donc un développement méochromatique et par conséquent, la blastéa tétrasplastidienne syncytiale qui en résulte est la blastéa γ.

Chez le Spirogyra calospora, la première des deux mitoses donne
une plaque équatoriale à 18 chromosomes et chacun des deux
noyaux en reçoit ce même nombre holochromatique. Quant aux
deux secondes mitoses, elles donnent des plaques équatoriales à
9 chromosomes et chacun des quatre noyaux en reçoit ce même
nombre hémichromatique.

Chez le Spirogyra neglecta, la première mitose montre, à la
métaphase, 48 chromosomes groupés en 12 groupes quaternes qui
sont disposés en cercle sur le pourtour équatorial du fuseau.

A l'anaphase, les 12 groupes quaternes se séparent en 12 paires
et ces paires semblent se souder en 12 chromosomes.

Les deux secondes mitoses montrent, à la métaphase, chacune 12
chromosomes qui se dédoublent pour fournir, à l'anaphase, 12
chromosomes à chacun des quatre noyaux.

Ainsi, suivant la règle, il y a, à la métaphase de la première
mitose une individualisation précoce, momentanément visible,
du nombre total des $4 \times 12 = 48$ chromosomes, que les deux
secondes mitoses auront à répartir, à raison de 12 par noyau,
entre les 4 noyaux résultant des deux bipartitions du zygote.

Par cette apparition d'un groupement quaterne des chromosomes, ces deux mitoses du noyau du zygote de Spirogyra neglecta rappellent les deux divisions successives, hétérotypique et homéotypique, de la méose chez les Animaux.

Le sporophyte de Spirogyra se réduit donc à la blastéa γ composée de 4 gonidies qui ont, dans l'alternance sporophyto-gamétophytique de générations, la valeur de 4 spores (méospores).

GAMÉTOPHYTE

Plèthéa C

Des 4 spores qui constituent la blastéa méosporique, syncyciale, γ, une seule devient apte à se développer. Prenant le dessus sur les trois autres, elle les fait régresser et disparaître à son profit, et devient le proplastide d'une plèthéa filamenteuse C. Cette plèthéa constitue un filament du type sommairement décrit ci-dessus.

Blastéa δ et Plèthéa d

Les plastides de la plèthéa filamenteuse c deviennent parfois des gonidies appelées aplanospores qui, franchissant à l'état monoplastidien le stade de blastéa δ, se développent chacun en un nouveau filament ayant encore la valeur d'une plèthéa. On peut avoir ainsi une succession de plèthéas intercalaires $d_1 d_2$... d_n qui peuvent être schématisés par une seule plèthéa gamétophytique intercalaire d.

Que la succession d_1, d_2... soit longue ou courte, elle conduit à une plèthéa intercalaire subterminale d_n. Dans le cas où cette succession d est nulle, c'est la plèthéa c qui joue le rôle de plèthéa subterminale.

Blastéa terminale monoplastidienne ε

Chacun des plastides de la plèthéa d_n (ou éventuellement de la plèthéa c) devient le proplastide d'un stade de blastéa ε qui est virtuel parce qu'il est franchi à l'état monoplastidien et le proplastide en question devient directement un gamète.

Généralement tous les plastides d'un filament se comportent comme des gamètes d'un même sexe. D'autre fois, il y a sur le filament, des plastides qui se comportent comme des gamètes mâles, tandis que les autres plastides se comportent comme des gamètes femelles.

S'il y a, sur certains filaments, des gonidies qui ne manifestent aucun caractère de gamète, on en rencontre d'autres qui préludent à une gamie en émettant la petite évagination membraneuse qui constitue la moitié d'un tube de gamie, mais qui ne prennent pas part à une gamie et se développent, cependant, par leurs propres moyens.

Ces plastides sont considérés comme des gamètes se développant parthénogénétiquement (parthénospores). Ce cas se présente chez le Spirogyra groenlandica. Là, le gamète peut, s'il ne trouve pas l'occasion de prendre part à une gamie, se développer, parthénogénétiquement. Cela a probablement lieu aussi bien dans le cas où le gamète est entré dans la voie de la différenciation mâle que dans celui où il est entré dans la voie de la différenciation femelle.

Dans ce cas, l'alternance sporophyto-gamétophytique de générations est suivie d'une génération parthénogénétique.

Si l'on ne tient pas compte des stades qui sont franchis à l'état monoplastidien et si l'on néglige le cas d'une génération parthénogénétique le schéma de l'orthobionte de Spirogyra se réduit à $\gamma + c + d$.

FUCUS VESICULOSUS

Blastéa α

Le zygote du Fucus vesiculosus résulte de l'union d'un gynogamète libre, mais dépourvu de moyens de locomotion, et d'un androgamète nageur qui est un véritable Flagellate.

Le stade de blastéa α, étant franchi à l'état monoplastidien, demeure virtuel.

Plèthéa a

Le zygote se développe directement en une plèthéa a qui constitue la plante proprement dite. Le Fucus vesiculosus étant dioïque (d'autres Fucacées sont monoïques) l'orthobionte se divise, ab ovo, en ses deux branches andro et gyno-orthobiontiques.

A la fin de mars et au commencement d'avril, les échantillons de Fucus vesiculosus recueillis une heure ou deux après qu'ils ont été recouverts par la marée montante, montrent un grand nombre de mitoses. Toutes ces mitoses, édificatrices de la plèthéa a, sont conservatrices du nombre holochromatique de chromosomes, nombre qui est ici de 64.

Sur la plèthéa mâle, apparaissent des organes appelés conceptacles ou scaphidies mâles et, sur la plèthéa femelle, des organes correspondants appelés conceptacles ou scaphidies femelles. Il n'y a pas de stades intercalaires (blastéas β, plèthéas *b*). Les blastéas gamétiques terminales γ mâle et femelle se développent directement dans les conceptacles qui font partie de la plèthéa *a*.

Quelques cellules pariétales des conceptacles mâles et des conceptacles femelles s'accroissent, proéminent puis se divisent, chacune, en une cellule basilaire et en une cellule terminale. Cette dernière est un gamétogone (gamétocyte ou cellule-mère de gamètes, ou proplastide de blastéa γ).

La cellule basilaire mâle est encore capable de se diviser un certain nombre de fois, et de donner d'autres cellules basilaires, encore ramifiables, porteuses de gamétocytes. Il en résulte la formation d'un ensemble de ramifications qui portent latéralement des spermogones (andro-gamétocytes, ou cellules mères d'androgamètes, ou proplastides de blastéa γ mâle).

La cellule basilaire femelle, au contraire, n'est plus apte à se diviser. Elle constitue le pédoncule d'un seul oogone (gynogamétocyte ou cellule-mère de gynogamètes, ou proplastide de blastéa γ femelle).

Blastéas gamétiques terminale γ

Blastéa andro-gamétique

Tout d'abord, le spermogone ou andro-gamétocyte est un plastide enveloppé d'une seule membrane fournie par la cellule qui s'est divisée en cellule basilaire et cellule gamétocytique. Il est, alors, l'un des plastides constitutifs de l'androgonidium de la plèthéa *a* mâle.

Mais, bientôt, l'androgamétocyte se contracte légèrement, se décolle de la membrane à laquelle il a adhéré jusqu'alors, et secrète autour de lui une membrane propre, nouvelle. Cela est la représentation de ce qui se passait lors de l'enkystement sporulaire du Flagellate ancestral. Dès lors l'androgamétocyte n'est plus une androgonidie c'est-à-dire un plastide constitutif de l'androgonidium de la plèthéa initiale mâle *a*, mais bien le proplastide, c'est-à-dire l'état initial monoplastidien, de la blastéa terminale androgamétique γ.

L'androgamétocyte subit une succession de six divisions mitotiques qui constituent l'ontogénèse méochromatique de la blastéa γ mâle.

— 39 —

Première mitose (mitose méotique)

L'androgamétocyte s'allonge. Son noyau prend une polarité, par l'apparition de kinoplasme sur deux points opposés de la surface de sa membrane. En même temps, le réticulum chromatique, jusque là délicat et déchiqueté, se condense en cordons relativement gros, qui se portent à la périphérie du noyau. Ils se groupent en un point, ou, quelquefois, en deux points opposés, de la face interne de la membrane nucléaire, ces points étant situés au droit de l'une ou des deux condensations kinoplasmiques extérieures. C'est le stade de synapsis. D'après ce que Yamanouchi a vu, ici et dans la mitose hétérotypique du gynogamétocyte, on peut supposer que ce cordon est continu. Il est replié suivant une sorte de sinusoïde que l'on aurait resserrée sur elle-même, de manière à former un faisceau ou bouquet de 64 brins qui constituent, deux à deux, 32 boucles égales entre elles. Chacune de ces boucles est, d'un côté, fixée à la membrane nucléaire et, de l'autre, libre dans la cavité nucléaire. Ensuite, chacune des 32 boucles, accolant et soudant intimement ses deux branches, se séparant de ses voisines par une coupure, et se détachant de la membrane nucléaire, devient un chromosome bivalent qui prend ensuite, peu à peu, une forme arrondie.

A la fin de cet état de prophase, un premier centrosome apparaît dans l'une des accumulations kinoplasmiques polaires. Le deuxième centrosome n'apparaîtra que plus tard. Les filaments rayonnants et ceux du fuseau deviennent bien visibles et les 32 chromosomes bivalents, attachés aux filaments du fuseau, se rangent en une plaque équatoriale.

Cette plaque équatoriale de 32 chromosomes bivalents se divise en deux plaques para-équatoriales de 32 chromosomes monovalents. Ces deux plaques se portent aux pôles et s'y agrègent en nouveaux noyaux. Le fuseau central disparaît et, à la fin de la télophase, on ne voit plus de centrosomes.

Deuxième mitose

Les deux noyaux résultant de la mitose méotique ne demeurent en repos que pendant un temps très court. Leur réticulum se transforme en 32 chromosomes, puis deux centrosomes apparaissent, l'un après l'autre. Les fibres achromatiques se dessinent en connexion avec les centrosomes et donnent une figure mitotique intranucléaire. A l'anaphase, on retrouve dans les plaques polaires le nombre de 32 chromosomes. Le processus mitotique est

simultané pour les deux noyaux résultant de la première mitose·
Il donne quatre noyaux qui sont, pendant un temps assez court,
réunis deux à deux par des fibrilles cytoplasmiques. C'est une
mitose typique, mais non suivie de cloisonnement intercellulaire.

Troisième, quatrième et cinquième mitoses

Les 3e, 4e et 5e mitoses sont conservatrices du nombre de 32
chromosomes et donnent, respectivement, 8, 16 et 32 noyaux.
Chacune d'elles est précédée d'un très court repos. Le processus
mitotique est simultané pour tous les noyaux. Les centrosomes
qui étaient très apparents dans la première mitose le deviennent
de moins en moins, dans les mitoses suivantes. C'est seulement
après la 5e mitose, c'est-à-dire au stade de 32 noyaux, que le cytoplasme se cloisonne, donnant ainsi 32 cellules.

Sixième et dernière mitose

Par une dernière mitose, encore conservatrice du nombre hémichromatique de 32 chromosomes, le nombre des noyaux passe à
64. Cette mitose se terminant par un cloisonnement, le spermogone ou gynogamétocyte se trouve divisé en 64 cellules ayant,
chacune, la valeur d'une androgamétide, c'est-à-dire d'une cellule
qui, par une simple modification de son noyau et de son cytoplasme et par l'émission d'une paire de flagellum, se transformera en
un androgamète.

L'androgamète est une répétition fidèle du phylostade Flagellate. Il est arrondi, légèrement piriforme, pourvu d'un noyau bien
visible, d'un stigma rouge et de deux flagellums à insertions latérales, dirigés, l'un, vers l'avant, l'autre, vers l'arrière.

Blastéa gynogamétique

L'oogone ou gynogamétocyte est, d'abord, un plastide enveloppé d'une seule membrane qui provient de la cellule qui s'est
divisée en cellule basilaire et en gynogamétocyte. Le gynogamétocyte est, alors, l'un des plastides constitutifs du gynogonidium
de la pléthéa femelle *a*.

Mais, bientôt, ce qui est la représentation phylogénétique de
ce qui se passait lors de l'enkystement sporulaire du Flagellate,
le gynogamétocyte, se comportant comme l'androgamétocyte, se
contracte légèrement, se décolle de la membrane à laquelle il a
adhéré jusqu'alors et sécrète autour de lui une membrane propre nouvelle. Dès lors, il n'est plus une gynogonidie, c'est-à-dire

un plastide constitutif, du gynogonidium de la plèthéa initiale
a, mais bien le proplastide, c'est-à-dire l'état initial monoplastidien, de la blastéa terminale gynogamétique γ.

Le gynogamétocyte subit une succession de trois divisions
mitotiques qui constituent l'ontogénèse méochromatique de la
blastéa terminale femelle.

Première milose (milose méotique)

Le cytoplasme du gynogamétocyte ou oogone présente une
structure alvéolaire et contient des corpuscules de nature variée.
Le noyau quiescent ne montre aucun indice de polarité. Il est
limité par une mince membrane nucléaire et contient un délicat
réticulum de chromatine accompagné d'un ou deux gros nucléoles.

Le réticulum à fins trabécules se condense en cordons plus
massifs qui, d'abord ramifiés, ne tardent pas à devenir simples et
à se réunir en un cordon continu. Ce cordon se porte à la périphérie et se masse contre un point de la paroi interne de la membrane
nucléaire (synapsis). Au droit de ce point, on voit apparaître, sur
la paroi externe du noyau, une accumulation de kinosplasme.

La chromatine se dispose bientôt en un cordon replié sur lui-
même en un bouquet de 64 brins formant 32 boucles. Chacune des
32 boucles s'attache à la membrane nucléaire par une de ses extrémités, en face de l'accumulation kinoplasmique, tandis que son
autre extrémité s'étend librement vers le centre de la cavité nucléaire.

Un premier centrosome se différencie dans l'accumulation
kinoplasmique et s'entoure d'un aster.

Chaque boucle du cordon en synapsis accole intimement et
soude, l'une à l'autre, ses deux branches, puis rompt, à la fois, sa
continuité avec les deux boucles voisines et sa liaison avec la
membrane nucléaire. Les 32 boucles se transforment, ainsi,
en 32 chromosomes bivalents qui se distribuent dans la cavité
nucléaire. C'est alors que l'on voit apparaître, tardivement et
tout à fait indépendamment du premier, un deuxième centroso-
some.

Les filaments du fuseau se développent autour des chromosomes. Grâce au peu de résistance des régions polaires de la membrane nucléaire, qui demeure cependant bien nette, ces filaments
s'étendent dans l'intérieur du noyau. Bien qu'il devienne ainsi intranucléaire, le fuseau semble donc être d'origine extranucléaire.

A la fin de la prophase, les 32 chromosomes bivalents sont

disposés en une plaque équatoriale. Par un dédoublement qui résulte de la séparation des deux parties constituantes des chromosomes doubles, la plaque équatoriale de 32 chromosomes bivalents se divise en deux plaques para-équatoriales de 32 chromosomes monovalents et chacune de ces deux plaques est entraînée vers l'un des pôles.

À l'anaphase, les chromosomes arrivant aux deux pôles ont la forme de bâtonnets droits qui, le prélude de la deuxième mitose étant retardé chez le Fucus, ne présentent encore aucun indice de leur prochaine division. Ce retard n'est, en réalité, que la conservation du processus primitif.

Deuxième mitose

La deuxième mitose survient après un court repos. La transformation du réticulum de chromatine en chromosomes et l'apparition des centrosomes se réalisent simultanément pour les 2 noyaux, comme dans une mitose ordinaire. Il y a conservation du nombre hémichromatique de 32 chromosomes monovalents.

Les quatre noyaux se montrent, pendant un certain temps, réunis deux à deux par des filaments cytoplasmiques présentant le même aspect que les filaments qui, à la télophase précédente, unissaient les deux plaques polaires.

Ces quatre noyaux demeurent au repos dans la région centrale de l'oogone en voie de développement pendant que ce dernier, par une active croissance, acquiert, avant la troisième mitose, son volume définitif.

Troisième et dernière mitose

La troisième et dernière mitose est, comme la précédente, conservatrice du nombre hémichromatique de 32 chromosomes.

Absence d'alternance sporophyto-gamétophytique de générations

Les Phaeophycées, et en particulier les Cutleria qui, ont conservé l'état de Flagellate, à la fois pour leur androgamète et pour leur gynogamète, sont demeurées représentatives d'une forme très ancienne. Cela est encore vrai pour le Fucus vesiculosus, bien que, l'état ontogénétique monoplastidien de gynogamète ait perdu l'aspect d'un Flagellate.

Le schéma de l'orthobionte extrêmement simple du Fucus se réduit, en dernière analyse, à la formule $a + \gamma$, c'est-à-dire à l'ensemble de la plèthéa initiale et de la blastéa terminale, les autres stades étant virtuels, parce qu'ils sont franchis à l'état monoplastidien, ou étant, même, inexistants.

Contrairement à la manière de voir généralement admise, il ne peut être question, ici, d'un diplo-orthobionte nécessaire, c'est-à-dire d'une alternance sporophyto-gamétophytique de générations. Tout au plus, si le gynogamète est accidentellement apte à se développer parthénogénétiquement, peut-il y avoir une succession éventuelle d'un orthobionte normal simple et d'un orthobionte parthénogénétique, comme chez l'Ulothrix.

RICCIA GLAUCA

ALTERNANCE SPOROPHYTO-GAMÉTOPHYTIQUE
DE GÉNÉRATIONS CHEZ LES CORMOPHYTES

Chez l'Ulothrix zonata, l'orthobionte holochromatique simple peut, éventuellement, être suivi d'un orthobionte hémichromatique parthénogénétique, complémentaire. Dans ce cas, l'orthobionte devient double : c'est un diplo-orthobionte. Mais, chez l'Ulothrix, cette duplicité, loin de jouer un rôle fondamental et nécessaire, reste simplement facultative.

Il n'en est plus de même chez certaines Conjuguées (Spirogyra), chez les Rhodophycées et chez les Cormophytes (Bryophytes, Ptéridophytes et Anthophytes). Là, une génération hémichromatique, qui était primitivement purement parthénogénétique et facultative, est devenue une génération absolument nécessaire. De ces deux générations, celle qui est produite par le zygote et qui est génératrice de spores (méospores) est appelée sporophyte, tandis que celle qui est produite par une spore et est génératrice de gamètes, est appelée gamétophyte. L'orthobionte est ici un diplo-orthobionte nécessaire, composé d'un sporophyte issu du zygote et d'un gamétophyte issu de la méospore.

De ces deux générations successives, c'est le gamétophyte qui est resté, le mieux, adapté aux conditions de milieu ancestrales, tandis que le sporophyte s'est, peu à peu, adapté à des conditions de milieu de plus en plus différentes.

Chez le Bryophyte, la première partie du gamétophyte, le protonéma, conservant une adaptation ancestrale très ancienne, est resté adapté au milieu aquatique de l'eau douce ou au milieu terrestre très humide. La seconde partie du gamétophyte, la tige feuillée, a réalisé une tendance à devenir aérienne et s'est adaptée au milieu aérien un peu humide.

Quant au sporophyte il est entré, encore plus avant que la tige feuillée, dans la voie conduisant à l'adaptation aérienne et, tout en vivant en parasite sur le gamétophyte, il s'est adapté au milieu aérien très peu humide.

Chez le Ptéridophyte, le gamétophyte a conservé l'adaptation ancestrale au milieu terrestre très humide et le sporophyte s'est adapté au milieu aérien très peu humide.

Chez l'Anthophyte, le gamétophyte, se développant en endoparasite dans le sporophyte, trouve, dans ce dernier, un milieu physiologique assimilable à un milieu très-humide et rappelant, par conséquent, le milieu ancestral. Quant au sporophyte, il n'a conservé que pour ses racines le milieu terrestre humide et s'est adapté dans ses autres parties au milieu aérien sec. Cela, toutefois, n'a pas empêché des retours adaptatifs, cénogénétiques, au milieu humide ou même réellement aquatique.

ORTHOBIONTE DE RICCIA GLAUCA

Comme exemple de Cormophyte, prenons, parmi les Archégoniates du groupe des Bryophytes, l'Hépatique Riccia, qui est un Cormophyte très simple. Le Riccia glauca, que nous choisirons pour type, vit sur certains sols très humides. Son thalle charnu se ramifie en lobes dichotomisés, qui présentent un léger sillon dorsal médian, et sont disposés en rosettes, parfois très régulières, de 1 à 2 centimètres de diamètre.

La planche 4 donne, en A, l'aspect d'une des rosettes dont il vient d'être question, en B, l'ontogénèse du protonéma discigène et l'initium du thalle gamétophytique proprement dit et en C une figure d'ensemble contenant l'orthobionte. La planche 5 représente, dissociés, les mérismes successifs dont l'ensemble constitue l'orthobionte. L'énumération de ces mérismes est donnée par le tableau 1.

SPOROPHYTE

Plèthéa a

Le stade de blastéa initiale α est franchi à l'état monoplastidien de zygote. Il est donc virtuel et nous n'avons pas à nous en occuper davantage. Le zygote se développe directement en plèthéa a.

Il faut remarquer, toutefois, que chez Riccia, la plèthéa a, aussi bien dans les premiers stades de son ontogénèse (stades tétra et octo-plastidiens) qu'à la fin de cette ontogénèse, présente, par sa forme sphérique et par la disposition pariétale de ses cellules ergasiales, une grande ressemblance avec une blastéa. Mais, l'étude des Mousses semble indiquer qu'il y a, là, une apparence trompeuse. Il s'agit, chez Riccia, comme, d'ailleurs, chez les autres Cormophytes, d'une plèthéa qui, à cause de son extrême simplicité, a pris une forme sphérique et dont l'épiderme sphérique se trouve réduit à une seule assise de cellules.

Le zygote s'entoure d'une membrane et, se divisant d'abord par des cloisons radiaires ou subradiaires, produit, par exemple, 8 cellules qui conservent un élément de la surface sphérique externe. Mais, bientôt, les cellules, jusque là, toutes, externes, commencent à se diviser par des cloisons tangentielles qui produisent des cellules internes et donnent un tissu massif. Ce tissu massif constitue un sporophyte ou sporogone sphérique qui est logé (Pl. 4. fig. C) dans l'intérieur de l'archégone, lequel est une partie intégrante du gamétophyte dans lequel le sporophyte vit en parasite.

L'*ergasium* de la plèthéa a, très simple et très réduit chez Riccia est constitué par la couche sphérique, à une seule assise de cellules, qui forme son épiderme.

Le *gonidium* est constitué par toute la masse cellulaire interne, dès que cette masse a cessé de fournir des éléments ergasiaux. Cette masse constitue l'archésporium, qui est composé d'archéspores, c'est-à-dire de cellules-mères primordiales de spores.

La plèthéa a est ainsi représentée par le sporogone qui vient de former son gonidium. Ce gonidium est composé de cellules-mères primordiales de spores, qui n'ont pas encore mis en route la succession des développements blastéens qui transformeront ces cellules-mères primordiales en cellules-mères définitives.

Ce qui précède montre l'extraordinaire simplicité du sporogone de Riccia. Il n'y a, ici, ni pied radical nourricier, pénétrant dans les tissus du gamétophyte, ni longue tige formant pédoncule, ni capsule compliquée, comme chez les Musci, ni parties de l'archésporium transformées en élathères spiralées disséminatives, comme chez les Hépatiques, ni archéspores abortives, comme chez la Jungermaniacée Sphaerocarpus.

Blastéa β

La transformation des cellules-mères primordiales de spores en cellules-mères définitives de spores s'effectue par le développe-

ment d'une succession de blastéas β_1, β_2... que nous schématiserons par une seule blastéa β.

Le proplastide de la blastéa β est une archéspore c'est-à-dire
une cellule du gonidium de la plèthéa a. L'archéspore se développe
intégralement sans différenciation d'ergasies en cellules-mères
définitives de spores.

Blastéa γ

Tandis que les mérismes précédents : à savoir la plèthéa a et la
blastéa β se sont développés, tous deux, par une ontogénèse holochromatique, le proplastide de la blastéa γ se développe par une
ontogénèse comportant une réduction chromatique (méose) en une
blastéa formée de quatre spores (méospores).

L'épiderme ergasial du sporophyte est totalement absorbé
par les spores, au cours de la maturation de ces dernières, et,
lorsque cette maturation est achevée, la masse formée par les
spores se trouve à nu dans l'intérieur des parois de l'archégone.
Ces parois se sont accrues en conséquence et, d'abord formées
d'une seule, elles sont ensuite formées de deux strates de cellules.

Les mérismes a, β et γ se développent en parasites dans le
gamétophyte et, finalement, les méospores sont libérées par la
destruction spontanée des parois de l'archégone et des tissus
voisins.

La blastéa méosporique γ clôt le sporophyte.

GAMÉTOPHYTE

Plèthéa c

La spore s'entoure d'une double enveloppe (exospore et endos-
pore).

Son développement inaugure l'ontogénèse hémichromatique du
gamétophyte (pl. 4, fig. B. C. et pl. 5). Elle fait éclater son enveloppe externe et étendant son enveloppe interne se développe en
un tube chlorophyllien, qui constitue un protonéma.

Le tube est d'abord unicellulaire. Son extrémité apicale se
renfle, puis une cloison sépare du reste du tube cette partie renflée. Le protonéma est alors formé de 2 cellules. Il émet des rhizoïdes.

Bientôt (pl. 4 fig. B), comme chez beaucoup d'autres Hépatiques, chez la Marchantiacée Neesiella par exemple, la cellule
apicale du protonéma se divise, par des cloisons transverses, en
plusieurs étages unicellulaires dont chacun ne tarde pas à se divi-

ser, à son tour, par des cloisonnements radiaires. Par ce processus, la cellule qui forme l'étage apical se divise en un plateau formé de 4 cellules qui, ensuite, se divisent, chacune, en 4 cellules. On a ainsi un disque terminal formé d'un étage de $4 \times 4 = 16$ cellules disposées en un pavage formé de quatre tétrades. Cet étage formé de 16 cellules fait suite, par exemple, à un étage octoplastidien qui fait suite à un étage tétrasplastidien qui fait suite, lui-même, à un étage demeuré monoplastidien et se trouve à l'extrémité de la cellule tubulaire qui est restée engagée dans l'enveloppe externe de la spore.

Chacune des 4 tétrades pavimenteuses du disque terminal est apte à se développer en un thalle massif qui produira des anthéridies et des archégones, mais, généralement, une seule de ces tétrades se développe, tandis que les trois autres régressent. La tétrade pavimenteuse qui se développe est, par exemple, la plus jeune ou, plus généralement, celle qui, étant la mieux éclairée, présente la plus grande activité photosynthétique. Les cellules de cette tétrade grossissent, font saillie à la surface du disque et, par des divisions transverses obliques, produisent une masse cellulaire terminée par un rang de cellules initiales, apicales, cunéiformes. Ces cellules initiales sont génératrices de parenchyme. Ensuite par des dichotomisations successives, qui bipartissent la rangée de cellules initiales, il se forme des lobes dichotomisés disposés en rosette (pl. 4 fig. A).

Dans chacun des lobes, l'accroissement est apical. Il est produit par le rang de cellules initiales cunéiformes qui, depuis l'instant de la dichotomisation, construit le lobe considéré (pl. 4 fig. C.) Ce rang d'initiales cunéiformes produit, par sa face cunéaire inférieure, un segment de tissu ventral pauvre en chlorophylle, et, par sa face cunéaire supérieure, un segment de tissu dorsal dans lequel les cellules sont riches en chlorophylle et sont disposées en files verticales dans un espace aérifère. L'accroissement tangentiel des extrémités des lobes se fait par les divisions, parallèles aux faces latérales, des cellules initiales, faces qui sont perpendiculaires à l'arête du coin.

Le tissu ventral produit sur chaque segment des feuilles gamétophytiques, à une assise de cellules. Il produit aussi des rhizoïdes hyalins, unicellulaires, non ramifiés, et ces rhizoïdes peuvent donner naissances à de nouveaux protonémas discigènes.

Le thalle sporophytique est apte à se multiplier par des bourgeons adventifs qui peuvent apparaître en un point quelconque de sa surface, mais, principalement, sur la ligne médiane de la face ventrale des lobes.

Tandis que les segments du tissu ventral donnent des feuilles gamétophytiques, un certain nombre des segments du tissu dorsal donnent des gamétanges. Si, comme le supposent les figures des planches 4 et 5, il s'agit d'une Riccia monoïque, il y a sur le thalle des anthéridies et des archégones qui sont d'autant plus avancés dans leur développement qu'ils sont plus éloignés de la rangée des initiales qui a fourni le segment auquel chacun d'eux appartient.

Les anthéridies et les archégones sont profondément enfoncés dans le tissu dorsal. Ils se développent par le même processus que les gamétanges des autres Hépatiques et produisent le gonidium de la plèthéa d. Ce gonidium consiste, en archégamètes, c'est-à-dire, dans l'anthéridie, en un groupe de huit cellules-mères primordiales d'androgamètes et, dans l'archégone, en une cellule-mère primordiale de gynogamètes.

Blastéas gamétophytiques intercalaires δ

Blastéa andro-gamétocytique

Le proplastide de la blastéa δ est une cellule-mère primordiale de gamètes. C'est une cellule du gonidium de la plèthéa *c*, gonidium qui est contenu dans l'anthéridie et qui a acquis son caractère de gonidium dès l'instant où il ne fournit plus aucune formation ergasiale. Ce proplastide se développe intégralement en andro-gamétocytes ou cellules-mères définitives d'androgamètes.

La transformation des cellules-mères primordiales en cellules-mères définitives d'androgamètes s'effectue par le développement d'une succession de blastéas intercalaires δ. La dernière qui est la blastéa andro-gamétocytique δ_n est productrice d'andro-gamétocytes ou cellules-mères définitives d'androgamètes.

Blastéa gyno-gamétocytique

Le stade de blastéa gyno-gamétocytique est, comme l'indique le schéma de la planche 5, franchi sous la forme monoplastidienne. Il est donc virtuel.

Blastéas terminales gamétiques ε

Blastéa andro-gamétique

La blastéa terminale andro-gamétique ε a pour proplastide un andro-gamétocyte ou cellule-mère définitive de gamètes. Elle ne comporte aucune partie ergasiale.

Elle est productrice soit de quatre, soit, peut-être, seulement de deux andro-gamètes, car ces derniers sont parfois, au moment de leur libération accolés deux par deux. La blastéa terminale qui produit les androgamètes étant, non pas une blastéa à ontogénèse méochromatique, mais une blastéa à ontogénèse hémichromatique, n'a pas besoin d'être tétrasplastidienne. Il est donc possible qu'elle soit simplement biplastidienne.

Nous avons dit que, dans l'intérieur de l'anthéridie, l'orthobionte comporte une succession de blastéas δ. Si l'archégamétum comprend 8 cellules primordiales de gamètes, si la succession δ comporte 3 blastéas et si chacune de ces blastéas, résultant par exemple de 3 divisions de son proplastide dans les 3 directions de l'espace, comporte 8 plastides, on voit que l'on a :

au stade c.. 8 cellules-mères primordiales d'androgamètes
au stade δ_1.. 64 plastides
au stade δ_2.. 512 plastides
au stade δ_3.. 4096 andro-gamétocytes

ce qui, dans le cas où la blastéa andro-gamétique terminale serait seulement biplastidienne, donnerait :

au stade γ.... 8192 andro-gamètes.

Blastéa gyno-gamétique

Le stade de blastéa gyno-gamétocytique δ étant franchi sous la forme monoplastidienne, l'archégamète représente à la fois une cellule-mère primordiale et une cellule-mère définitive de gynogamètes. Cette cellule-mère se développe en une blastéa biplastidienne par un cloisonnement qui la divise en un gynogamète abortif, qui est la cellule du canal de la partie renflée de l'archégone, et un gynogamète évolutif ou oosphère.

LIGNÉE PROTOPLASMIQUE GERMINATIVE

Chez les Cormophytes, et en particulier chez Riccia, qui a été choisi comme exemple à cause de son extrême simplicité, la lignée protoplasmique germinative, nettement continue tant que l'on ne se heurte pas aux parties ergasiennes du sporophyte et du gamétophyte ne doit pas être considérée comme rompue par l'intercalation de ces parties ergasiennes condamnées à mourir. En effet, la continuité de la lignée protoplasmique germinative est assurée, dans l'ergasium du sporogone, par l'état jeune des cellules ergasiennes qui conduisent aux cellules mères primordiales de spores et, dans le thalle gamétophytique, d'abord par les cellules initiales apicales qui produisent la croissance segmentaire et, ensuite, par les initiales, qui réservées, dans plusieurs segments, forment les gamétanges (anthéridies et archégones) et conduisent aux cellules mères primordiales de gamètes.

ANIMAUX

PLASMODIUM VIVAX

A l'origine du sous-règne animal se trouve le zoo-flagellate primitif. Ce dernier est encore bien représenté, à l'époque actuelle, aux flagellums près qui lui manquent généralement, par le Sporozoaire. Même dans le cas où il s'est adapté à un parasitisme compliqué le Sporozoaire a conservé la constitution fondamentale de l'orthobionte ancestral. Prenons, comme exemple, le Plasmodium (Haemabœba) vivax de la malaria tertiana, Sporozoaire dont le cycle évolutif comporte l'habitat chez deux stabulaires différents. Nous supposerons le cas où les gamétocytes se développent immédiatement en gamètes.

L'orthobionte de ce Sporozaire rentre parfaitement dans le schéma de celui du Flagellate primitif, avec cette particularité que tous ses stades de plèthéas sont franchis à l'état monoplastidien et sont, par conséquent, virtuels.

Blastéa initiale α

La gamie s'effectue dans l'estomac d'un Anopheles. Le zygote, immobile (copula) devient ensuite mobile (oocinète). Il traverse l'épithélium endodermique de l'estomac de l'Anopheles et pénètre dans la couche mésodermique musculeuse qui recouvre cet épithélium. Ce dernier, par une action réactionnelle, produit une capsule dans laquelle le zygote se trouve logé et dans laquelle il se développe en une blastéa initiale α (sporonte). Le contenu de la capsule est, soit, une blastéa chiffonnée, soit, par polyembryonie, un groupe de blastéas chiffonnées. A la suite de l'éclatement de la capsule dans laquelle elle s'est développée, la blastéa α se résout en gonidies effilées (sporozoïtes) qui se trouvent ainsi libérées dans le liquide cavitaire de l'Anopheles.

Première blastéa intercalaire β₁

La gonidie effilée (sporozoïte) libérée dans le liquide cavitaire de l'Anopheles se porte sur la glande labiale, traverse les cellules épithéliales de cette glande, arrive dans ses canaux et est injectée, avec le liquide salivaire labial, dans le sang de l'Homme. Là, elle pénètre dans un globule rouge et s'y développe en une première blastéa intercalaire (schizonte) qui se résout bientôt en 16 gonidies amiboïdes (mérozoïte).

Deuxième blastéa intercalaire β_2

Cette première blastéa intercalaire est suivie d'une deuxième, qui est produite par une gonidie amiboïde (mérozoïte) et qui est productrice de gonidies amiboïdes (mérozoïtes). Cette deuxième blastéa intercalaire est, elle-même, suivie, par une longue succession de blastéas intercalaires semblables que nous schématisons ici, par une blastéa unique β_2.

Dernières blastéas intercalaires β_n

La dichotomisation sexuelle apparaît ici dans l'orthobionte. Il en résulte qu'il y a, à ce stade pénultième, comme il y aura au stade terminal, deux blastéas à considérer. Ces deux blastéas sont, ici, une androgamétocytique et une gynogamétocytique. Elles sont l'une et l'autre, monoplastidiennes.

Une gonidie amiboïde (mérozoïte) ayant par son rang, mais seulement par son rang puisqu'elle ne présente aucune différenciation caractéristique, la valeur d'une gamétogonie de l'Animal supérieur donne une blastéa monoplastidienne andro-gamétocytique (microgamétocyte) et une autre donne une blastéa monoplastidienne gyno-gamétocytique (macrogamétocyte).

Blastéas terminales (gamétiques) γ

L'andro-gamétocyte (microgamétocyte) se développe en une blastéa androgamétique formée de 4 androgamètes (microgamètes).

Le gyno-gamétocyte (macrogamétocyte) se développe en une blastéa gynogamétique formée d'une oosphère évolutive et d'une partie qui représente les 3 oosphères abortives de la tétrade gamétique des Animaux supérieurs.

INSECTE

Passant, presque, d'une extrémité à l'autre, examinons, l'orthobionte d'un Animal relativement élevé, l'Insecte, orthobionte qui peut, d'ailleurs, être considéré comme représentatif de celui de tous les autres Animaux.

Blastéa α

Très peu de temps après la transformation de l'oocyte (œuf non mature) en gynogamète ou oosphère (œuf mature) ce dernier descend vers les voies génitales ectodermiques.

Par suite d'une contraction de la musculature de ces voies génitales le gynogamète présente son micropyle contre l'orifice de la vésicule séminale qu'un individu mâle a remplie de spermatozoïdes.

Là, se réalise l'union de l'oosphère et du spermatozoïde (Pl. 6 et Pl. 8, fig. C et D).

Le zygote (œuf fécondé) produit de l'union de l'androgamète et du gynogamète est un très gros plastide parce que le gynogamète lui apporte un volume considérable de substances vitellines nutritives. Il ne tarde pas à commencer la série des divisions qui constituent son développement. Bien que le caractère blastéen de leur ensemble n'apparaisse que tardivement, les noyaux résultant de ces divisions doivent être considérés, dès leur apparition, comme reliés entre eux par des liaisons protoplasmiques blastéennes. Ces divisions constituent l'ontogénèse de la blastéa initiale α. Dans cette ontogénèse, les noyaux et, par conséquent, les plastides correspondants, se différencient très précocément en deux catégories.

Les plastides de l'une de ces catégories, conservant leur caractère gonidial primitif, ancestral, constituent le gonidium de la blastéa α. Ce gonidium peut être formé d'une seule gonidie, qui est appelée cellule génitale ou sexuelle primordiale, et qui devient le proplastide de la pléthéa a.

Les plastides de l'autre catégorie demeurent, pendant quelque temps, syncytiaux, mais ils entrent, immédiatement dans la voie ergasiale et se trouvent, en conséquence, condamnés à mourir, sans postérité, dès qu'ils auront parachevé les travaux auxquels ils se seront adaptés. Ces plastides blastéens sont des ergasies. Ils se différencient très précocément en deux catégories.

1° Les ergasies nourricières (vitellophages) adaptées à la fonction de digérer, et de rendre assimilables pour le protoplasme de la blastéa, les substances de réserve vitellines non vivantes;

2° Les ergasies somatiques constructrices d'un soma extra-orthobiontique stérile.

Dans le spectacle ontogénétique qui se déroule ici sous nos yeux, il se passe un fait remarquable dû à une grande accélération ontogénétique. Ce fait consiste en ce que le gonidium naissant

de la blastéa **α** se sépare très précocément de son erga-ium naissant.

Si nous laissons de côté les ergasies qui digèrent le vitellus et
qui, tout en remplissant un rôle physiologique très important,
ne jouent qu'un rôle morphologique très secondaire, qui, surtout,
sont non seulement condamnés à mourir, puisqu'elles sont des
ergasies, mais qui sont condamnées à mourir très précocément
puisqu'elles n'ont à remplir qu'un rôle accessoire et de courte
durée, nous restons en présence d'une blastéa naissante, purement
ergasiale et de son gonidium très précocément libéré c'est-à-dire
ayant perdu toutes les liaisons protoplasmiques qui le réunissaient
à son ergasium.

Ce fait ontogénétique certain, accessible à nos investigations,
représente et par conséquent nous dévoile un fait phylogénétique
correspondant, fait qui se trouve être, par ses conséquences immenses, l'un des faits les plus importants de l'histoire de l'Animal.

Primitivement, les gonidies plus ou moins développées de la
blastéa **α** se sépareraient de leur blastéa pour aller disséminer au
loin des blastéas nouvelles et la blastéa **α**, réduite à son ergasium,
ne tardait pas à mourir.

Mais il est arrivé que des gonidies précocément libérées sont
restées enfermées sous l'enveloppe de la blastéa ergasiale **α**, sont
demeurées en contact avec cette dernière et lui ont demandé abri,
aide et protection,

A cette demande la blastéa ergasiale **α** n'était-elle pas obligé
de répondre : « Ma tâche est parachevée, je suis épuisée, je n'ai
plus qu'à subir, de suite, le sort inéluctable auquel je suis condamnée, à mourir dès maintenant. »

Or, il s'est trouvé que la blastéa ergasiale **α** n'a pas répondu par
une fin de non-recevoir aussi absolue. Elle s'est montrée encore
apte à travailler un peu et, prenant, malgré son épuisement, le
rôle de stabulaire, elle a accueilli son gonidium comme inquilin.

Le travail qu'elle a pu fournir, en réponse réactionnelle à la
demande, accompagnée d'actions et d'excitations, formulée par
ses gonidies, n'était, sans doute, primitivement que bien peu de
chose, mais il s'est trouvé que ce peu s'est accru sans cesse et que
trouvant, à la fois, dans la persistance des excitations produites
par les gonidies hébergées, un stimulant incessant, et, dans le
milieu extérieur, une alimentation suffisante pour subvenir aux
besoins de son activité renaissante, la blastéa ergasiale **α** est
devenu cet organisme compliqué, actif et doué de longévité, auquel on a donné le nom de soma.

Plus tard, lorsque la blastéa ancestrale **α** a différencié son blastoderme en ectoderme endoderme et mésoderme, c'est à ce dernier qu'est échu le rôle de loger le gonidium libéré et il lui a fourni, à cet effet, des cavités dont les parois somatiques mésodermiques constituent ce que l'on appelle, dans le sexe femelle, les gaînes ovariques (pl. 6, 7, 8) et, dans le sexe mâle, les gaînes testiculaires.

Transformation de la blastéa α en soma

Aux stades phylogénétiques où la blastéa **α** mourait, immédiatement après avoir conduit son gonidium à maturité, cette bastéa était un mérisme très simple faisant, pendant presque toute la durée de son existence, partie intégrante de la lignée orthobiontique.

Mais, ensuite, en réponse réactionnelle à l'action des gonidies, elle est devenue cet ensemble, annexe stérile de l'orthobionte, qui constitue le corps de l'Animal.

Chez les Végétaux, la dénomination d'ergasies s'oppose à celle de gonidies dans toute blastéa qui comprend simultanément ces deux sortes de plastides. Lorsque les gonidies ou le produit de leur développement ont quitté la blastéa, cette dernière devient purement ergasiale. Mais elle est sans intérêt. Elle est, pour ainsi dire, inexistante, parce qu'elle est mourante. En fait, il n'y a pas de blastéa végétale, normale, apte à vivre à l'état purement ergasial et l'on peut dire que, normalement, il n'existe pas de blastéa végétale purement ergasiale.

Au contraire, chez l'Animal, chez le Chironomus par exemple, nous sommes en présence d'une blastéa purement ergasiale mais qui, contrairement à ce qui se passe chez le Végétal et, en particulier, chez le Volvox, est apte à se développer dans des proportions immenses. Elle mérite une dénomination spéciale. Nous l'appellerons blastéa somatique. Ses cellules ergasiales, aptes à contiuer leurs bipartitions, seront des cellules somatiques; ce qu'elle deviendra sera le soma.

Pour donner une idée sommaire du soma et, surtout, pour préciser la nature et la disposition du logement stabulaire qu'il fournit à la descendance issue du gonidium de la blastéa **α**, nous pouvons nous contenter de décrire, chez un Insecte femelle, une coupe transversale schématique passant par les gaînes ovariques (pl. 6).

Dans cette coupe, nous voyons :

1° Un ectoderme, qui dérive directement du blastoderme de la blastéa **α** et le représente encore fidèlement;

2º Un endoderme, qui a fourni la région moyenne (estomac, mésentéron) du tube digestif ;

3º Un mésoderme très complexe.

A un certain stade phylogénétique, ce mésoderme forme, dans chacun des métamères, c'est-à-dire dans chacune des parties résultant de la division métamérique, primitivement multiplicatrice, du soma, une expansion sacciforme qui embrasse le tube digestif et s'étend vers la région dorsale en un cul-de-sac droit et un cul-de-sac gauche. La cavité intérieure de ce sac est le coelome. La cavité blastéenne extérieure à ce sac est le blastocoele.

Les surfaces externes des parois du sac coelomique se sont accolées et soudées, d'une part, à la surface interne de l'ectoderme et, d'autre part, à la surface externe du tube digestif. En même temps les fonds des deux culs-de-sac droit et gauche se sont soudés en un septum sagittal dorsal qui a disparu. Le résultat de l'accolement du mésoderme à l'ectoderme et au tube digestif est l'évanouissement de la cavité blastocoelienne, à l'exception d'une cavité résiduelle qui constitue la cavité cardiaque. Au stade phylogénétique correspondant à cet état de choses, l'ectoderme est doublé d'une strate mésodermique (feuillet mésodermique pariétal) et il en est de même du tube digestif (feuillet mésodermique entérique). Ces feuillets sont contractiles et produisent les contractions du tégument et du tube digestif. Leur contractilité est due à des cellules mésodermiques musculaires dont le rôle devient de plus en plus important. Primitivement petites, courtes et sporadiques, les cellules mésodermiques musculaires s'allongent et se groupent en muscles plats ou massifs. Le fonctionnement des cellules contractiles, transformées en longues cellules musculaires et groupées en muscles, nécessitent qu'elles soient libres sur tout leur parcours, ne demeurant fixées que par leurs extrémités sur les points que leur contraction a pour rôle de rapprocher. De cela est résulté le dédoublement du feuillet entérique et surtout celui du feuillet pariétal. Entre les lames résultant de ce dédoublement apparaissent des myocèles, cavités que nous voyons indiquées sur le schéma de la planche 6 par les dénominations de schizocèles musculaires pariétaux dorsal et ventral et de schizocèle musculaire entérique. Dans ces cavités myocéliennes, les muscles trouvent toute la liberté de mouvement nécessaire à des contractions de grande amplitude.

Le dédoublement du feuillet mésodermique entérique donne une lame externe qui sépare le coelome d'avec le myocoele périentérique et une lame interne qui est la basale du tube digestif.

basale d'ectoderme sur le stomentéron et le protentéron, basale d'endoderme dans le mésentéron ou estomac.

Des lames mésodermiques qui résultent des dédoublements créateurs des myocèles pariétaux, l'une, l'externe, est la membrane basale qui tapisse l'ectoderme, l'autre l'interne forme, s'il s'agit d'un myocèle ventral, le diaphragme ventral et, s'il s'agit d'un myocèle dorsal, ce diaphragme, métamériquement et largement fénestré, dont chaque élément interfénestral constitue l'un des muscles aliformes du cœur.

Le système nerveux (non indiqué sur le schéma) est enveloppé, lui aussi, d'une membrane mésodermique. Il représente donc une cavité mésodermique virtuelle, comblée par le tissu nerveux. Cette cavité virtuelle n'est autre chose qu'une portion de la cavité blastocélienne virtuelle comprise entre l'ectoderme et la membrane mésodermique basale qui le tapisse, portion que le système nerveux a entraînée, encore sous forme virtuelle, en se détachant de l'ectoderme qui l'a produit.

Mais, ce qui nous importe le plus, ici, c'est ce qui concerne le logement stabulaire des plastides constitutifs de la plèthéa a, et de sa descendance, c'est-à-dire le logement de cet ensemble, issu des cellules génitales primordiales, que l'on appelle le germen. Les cellules génitales primordiales se sont réfugiées dans les parois dorsales des cavités métamériques coelomiques, au voisinage du point où les parois symétriques opposées, droite et gauche, de ces cavités vont réserver entre eux, dans l'accolement de leurs surfaces externes une cavité blastocélienne résiduelle qui sera la cavité cardiaque. Les planchers séparateurs des coelomes métamériques se perforent et disparaissent et le coelome, primitivement morcelé par la métamérisation, se trouve remplacé par un coelome unique. En réaction contre l'influence excitatrice des plastides de la plèthéa *a*, le mésoderme prolifère et forme un cordon dans lequel ces plastides sont emprisonnés et qui s'étend dans le coelome sur les côtés du tube digestif. Chez la femelle ce cordon se creusera d'un schizocèle ovarique ou gonocèle qui constituera la cavité stabulaire dans lequel la plèthéa a et sa descendance se développeront, se nourrissant par l'absorption osmotique de substances alimentaires préparées par le soma et dissoutes dans le liquide cavitaire qui remplit ce dernier. Le cordon, qui se transforme ainsi en un sac appelé gaîne ovarique se dirige vers le sommet d'une invagination ectodermique avec laquelle, par soudure et perforation plus ou moins tardive, il se met en communication (pl. 6). La partie de la gaîne ovarique voisine du point de soudure donne une voie génitale mésodermique appelée oviducte. L'invagination ectodermique fournit des voies génitales ectodermiques, complémentaires, plus ou moins complexes qui permettent l'apport, la réception, l'emmagasinement et la conservation des androgamètes, le passage du gynogamète, la gamie et enfin l'expulsion du zygote et son dépôt dans l'emplacement de nature déterminée, souvent très spéciale, auquel son développement est préadapté.

Gonidium de la blastéa α

Après avoir décrit, sommairement, le soma stérile qui résulte de la transformation de l'ergasium de la blastéa α, examinons le sort du gonidium de cette même blastéa, c'est-à-dire le sort de la cellule génitale primordiale qui devient le proplastide de la plèthéa a. Examinons par exemple, comment les choses se passent chez le Chironomus.

Dans la partie inférieure du zygote, tout près de sa surface, il y a, dans la couche protoplasmique claire qui entoure le protoplasme vitellifère, une petite calotte chromophile, à contours nets, formée de protoplasme différencié. C'est une masse de protoplasme qui se distingue en ce qu'elle se soustrait, ab ovo, à l'adaptation ergasiale et somatique à laquelle sera soumis tout le reste du protoplasme et qui, en outre, contient des substances de réserve spéciales. On la considère comme établissant la continuité de la lignée protoplasmique germinative.

Le noyau du zygote, subit deux premières bipartitions qui produisent 4 noyaux.

Le domaine protoplasmique du noyau du zygote, se partage, également, entre ces 4 noyaux qui se trouvent disposés les uns au dessus des autres et qui, plongés chacun dans une petite masse de protoplasme clair et réunis les uns aux autres par des tractus de ce même protoplasme clair (plasmonèmes internes) restent logés dans l'intérieur du protoplasme vitellifère dans lequel se sont effectuées leurs bipartitions.

De ces 4 noyaux, résultant des deux premières bipartitions du noyau du zygote, c'est le noyau inférieur qui possède, dans son domaine cytoplasmique, la calotte chromophile. Ce noyau se porte vers cette calotte, y provoque un relâchement de structure, la disloque, la fragmente, et en incorpore, la majeure partie, dans son protoplasme périnucléaire. Le plastide correspondant à ce noyau représente, à lui tout seul, le gonidium de la blastéa α.

Plèthéa germinative *a*

Stade où la plèthéa a se développe dans le liquide qui se trouve entre la blastéa α et le chorion

La gonidie de la blastéa α devient le proplastide de la plèthéa *a*.

Pendant que s'effectuaient les deux premières bipartitions, une contraction du protoplasme de la blastéa α a fait apparaître un espace libre, rempli d'un liquide clair à l'extrémité polaire inférieure de la blastéa, entre la surface de cette extrémité et la surface interne du chorion. C'est dans cette cavité remplie de liquide, sorte de petit aquarium reconstitutif du milieu ancestral, que va s'effectuer le début de l'ontogénèse de la plèthéa *a*.

Dès qu'il a accaparé la calotte chromophile, le proplastide de la plèthéa *a* commence à sortir de la blastéa α qui, n'étant encore que triplastidienne est à l'état naissant; mais qui, cependant, est déjà devenue entièrement et définitivement ergasiale.

Au cours même du processus de sa séparation, le proplastide de la plèthéa *a* se bipartit et cette première bipartition est le début de l'ontogénèse de cette plèthéa.

Au moment où la libération est complète, on est en présence de la plèthéa *a*, au stade diplastidien et complètement libre, plongée dans le liquide qui remplit l'espace entre le chorion et la surface protoplasmique de la blastéa somatique naissante. Cette surface émet quelques prolongements protoplasmiques dans le liquide où baigne la plèthéa et l'entretient à l'état de milieu riche en substances nutritives assimilables par osmose, car, en en continuant à se développer, la plèthéa accroît son volume total.

A partir du moment où la plèthéa *a* vient de quitter la blastéa α, nous avons sous les yeux deux mérismes bien distincts et indépendants de toute liaison protoplasmique.

Dans l'un comme dans l'autre, les mitoses continuent à être synchroniques; mais la synchronie de l'un ne concorde plus avec celle de l'autre. Les bipartitions se succèdent bien plus rapidement dans la blastéa que dans la plèthéa. Dans cette dernière, il y a, en tout, 3 mitoses suivies, et une quatrième mitose, non suivie de bipartition cytoplasmique. Le résultat est une plèthéa au stade de 8 plastides binuclées.

Stade où la plèthéa a est hébergée entre le blastoderme et le vitellus

Revenons à la blastéa somatique α que nous avons quittée à

l'état triplastiden, c'est-à-dire à un état encore bien peu avancé et cependant, déjà définitivement devenue entièrement somatique. (Voir figure 6, J. 1912.)

Dès que le nombre des bipartitions synchroniques des 3 noyaux somatiques ont atteint le nombre voulu, tous les noyaux, entourés chacun d'un milieu cytoplasmique propre, se portent ensemble vers la surface de la blastéa et chacun d'eux vient occuper la place qui lui est assignée par les liaisons protoplasmiques qui l'unissent à ses voisins. Des cloisons latérales apparaissent, mais tous les plastides du blastoderme demeurent reliés entre eux par leur partie basilaire et l'ensemble de toutes ces parties basilaires conductrices des influx coordinateurs du développement forme une strate protoplasmique bien nette appelée blastème secondaire.

Il est possible qu'au pôle inférieur de la blastéa, pôle auprès duquel se développe la pléthéa *a*, il y ait une lacune plus ou moins virtuelle entre les liaisons protoplasmiques et, qu'il existe, là, par conséquent, un véritable phialopore comme chez le Volvox. Les 8 plastides constitutifs de la pléthéa étant, vu le peu de place dont ils disposent, serrés, en une nappe, entre le chorion et la surface polaire inférieure de la blastéa, produisent, sur cette dernière, une légère dépression. Puis, par de faibles mouvements amiboïdes, les 8 cellules de la pléthéa *a* libérées les unes des autres refoulent latéralement les cellules blastodermiques, élargissent le phialopore s'il existe réellement, produisent une sorte de déchirure s'il n'existe pas, et, s'avançant, une à une en file ou plusieurs de front, traversent complètement le blastoderme. Ils vont se loger entre lui et le vitellus et trouvent au contact de ce dernier un riche apport de liquides nutritifs.

Dès que la pléthéa *a* est rentrée dans la blastéa somatique, l'ouverture pratiquée dans le blastoderme se referme et l'on n'en voit plus trace.

La région où la pléthéa *a* vient se placer sur la face interne du blastoderme est, tout d'abord, la région apicale polaire inférieure où aboutit l'extrémité postérieure de l'épaississement blastodermique qui constitue, sous forme d'une bandelette médiane ventrale, la première ébauche de la partie principale de l'embryon.

Au lieu de rester au pôle, où elle se trouve d'abord, l'extrémité postérieure de cette bandelette remonte sur la face dorsale de la blastéa, et elle entraîne, avec elle, la pléthéa *a* qui s'est divisée en 2 groupes de plastides disposés symétriquement.

*Stade où la plèthéa a est logée dans la chambre terminale
d'une gaîne ovarique*

Ensuite, lorsque le mésoderme apparaît dans l'intérieur de
l'embryon, au droit de l'extrémité de la bandelette germinative,
la plèthéa *a* y pénètre, s'y loge, y occupe une situation bien défi-
nie et y provoque, dans les conditions indiquées plus haut, dans
la description sommaire que nous avons donnée d'une coupe du
soma, la formation de cordons qui font saillie dans le coelome.
Chacun de ces cordons se creuse d'une cavité schizocélienne
ovarique ou gonocèle, de forme allongée, conique, de direction
dorso-ventrale, dont l'extrémité dorsale, appelée chambre terminale ou germinative, constitue le logement définitif de la plèthéa
a. Avant d'arriver dans ce logement, les plastides de la plèthéa *a*
ont parfois déjà subi quelques soudures syncytiales et, peut être,
des fusions nourricières.

La plèthéa *a* (germigène) en cours de développement au fond
de la chambre terminale (chambre germinale) d'une gaîne ovarique est un syncytium dans lequel tous les noyaux sont d'abord
identiques entre eux. Les bipartitions y deviennent très actives
et les noyaux, ou, plutôt, les plastides, car dans ce syncytium
chaque noyau a son domaine cytoplasmique propre, se multiplient
très rapidement. Ils finissent par devenir extrêmement nombreux.

Blastéa intercalaire gamétogonienne β_1

Examinons la descendance de la plèthéa *a* en schématisant, par
exemple, ce qui se passe chez les Hyménoptères femelles. (Pl. 7
et 8.)

Le résultat de la multiplication des cellules de la plèthéa *a*
logée dans la chambre terminale d'une gaîne ovarique est que
toutes les cellules constitutives de la plèthéa deviennent des cellules-mères d'oogonie, c'est-à-dire deviennent des proplastides
de blastéas oogoniennes. Toutefois, cela n'arrive pas simultanément pour toutes les cellules de la plèthéa. Celles qui sont logées
au fond de la chambre terminale restent plus petites et continuent
à se diviser plus ou moins longtemps en conservant la valeur de
plastide de la plèthéa *a*, tandis que celles qui arrivent vers l'extrémité libre de la plèthéa et qui sont un peu plus grosses, commencent, plus précocément, à se développer en blastéas oogoniennes. Ces dernières étant formées de petites cellules toutes

semblables entre elles, logées dans la chambre terminale et serrées les unes contre les autres, sont des blastéas syncytiales chiffonnées, d'abord méconnaissables en tant que blastéas ; mais elles finissent par prendre un arrangement qui ne laisse aucun doute sur leur nature blastéenne. Cela se voit, mieux et plus précocément, dans les gaînes ovariques larges (Aphidius pl. 8 fig. C) que dans les gaînes orvaiques étroites (Vespidae, Formicidae).

Ainsi, toutes les cellules de la pléthéa a deviennent des cellules-mères d'oogonies ou proplastides de blastéas oogoniennes et donnent, chacune, un petit groupe de cellules qui, d'abord, sont toutes semblables entre elles et dont l'ensemble constitue la blastéa oogonienne β_1.

Toutes les cellules constitutives d'une blastéa oogonienne β_1 ont la valeur d'oogonies ; mais, de ces oogonies, une seule conserve la qualité d'oogonie évolutive ; et toutes les autres, devenant des oogonies abortives, représentent l'ergasium de la blastéa oogonienne β_1. Ces oogonies abortives ou ergasies sont les futurs cellules folliculaires.

Parmi les noyaux, d'abord tous identiques entre eux, du syncytium formé par les plastides issus de la pléthéa a, un petit nombre ne tardent pas à se distinguer par leur grosseur. Leur diamètre peut, par exemple, atteindre le double de celui des noyaux voisins. Ces noyaux plus gros sont les oogonies évolutives dont il vient d'être question.

L'ontogénèse de la blastéa oogonienne β_1, depuis son état monoplastidien jusqu'à son évanouissement résultant de la mort des gonidies abortives ou cellules folliculaires et du développement de l'oogonie évolutive, est représentée par dix stades, numérotés de 1 à 10 dans la planche 7. Elle est représentée plus distinctement, dans la première colonne de la figure A de la planche 8. Dans cette dernière figure, le stade 1 est l'état monoplastidien et le stade 2 l'état tétraplastidien de la blastéa. Aux stades 3 et 4, l'oogonie évolutive se différencie de ses sœurs abortives qui deviendront des cellules folliculaires, mais, en général, les oogonies évolutives et les abortives ne forment pas encore, à ce moment précoce, une blastéa bien nettement reconnaissable. Au stade 5, l'oogonie évolutive est mature, c'est-à-dire que, après avoir eu, jusqu'ici, la valeur de gonidie de la blastéa β_1 elle devient le proplastide de la blastéa suivante β_2. Dès lors (stade 6), la blastéa oogonienne β_1 est, au point de vue morphologique, réduite à son ergasium composé de cellules folliculaires.

Cette blastéa ergasiale constitue, pour ainsi dire. un petit soma germinal car, au lieu de subir immédiatement la mort à laquelle elle est condamnée d'avance, elle possède l'aptitude de prolonger son existence au profit de sa progéniture qui est la blastéa oocytique β_2. A cette blastéa β_2 elle fournit, sous forme de follicule, un logement dont les parois se différencient (stade 7) en une partie péri-trophocytique et une partie péri-oocytique. Cette dernière partie, qui constitue le follicule de l'oocyte, est aussi appelée choriogène parce que c'est elle qui produira le chorion protecteur de l'oosphère. Aux stades 8 et 9, la partie péri-trophocytique du follicule dégénère comme les trophocytes qu'elle contient, tandis que la partie péri-oocytique consacre toute sa partie interne à la construction du chorion.

Enfin, au stade 10, la blastéa intercalaire β_1 est évanouie[1] en tant que blastéa vivante. Elle n'est plus représentée que par les restes, morts, du follicule et par le chorion, enveloppe complexe, non vivante, dans l'intérieur de laquelle l'oocyte s'est développé en blastéa oosphérienne.

Blastéa intercalaire oocytique β_2

Au stade 5, dont il a été question ci-dessus, nous avons vu que l'oogonie[e] qui, jusqu'alors, avait eu la valeur de gonidie de la blastéa β_1 avait acquis l'aptitude à se développer et était ainsi devenue le proplastide de la blastéa oocytique β_2.

Le développement de ce proplastide, c'est-à-dire l'ontogénèse de la blastéa oocytique β_2 s'effectue (stade 6) sous forme d'une rosette blastéenne que l'on a observée chez les diptères (Chironomus), les Coléoptères (Dytiscus) et les Hyménoptères (Polistes). Toutes les cellules de cette rosette sont des oocytes, mais, parmi eux un seul reste évolutif, tandis que tous les autres deviennent des oocytes abortifs. Ces derniers, à cause du rôle nourricier qu'ils jouent vis-à-vis de l'oocyte évolutif, sont appelés trophocytes. L'oocyte évolutif constitue le gonidium et les trophocytes constituent l'ergasium de la blastéa oocytique β_2.

Au stade 7, les oocytes abortifs et évolutifs ont pris une disposition blastéenne plus nette. Les plastides constitutifs de la blastéa sont réunis par d'importantes liaisons protoplasmiques (plasmonèmes). Le blastocèle est comblé par un processus nourricier émis par l'oocyte évolutif qui devient de plus en plus gros.

Au stade 8, l'oocyte évolutif acquiert son volume définitif, aux dépens des trophocytes qui dégénèrent de plus en plus.

Au stade 9, les trophocytes ont achevé de remplir leur rôle et sont définitivement épuisés. Quant à l'oocyte évolutif, il est devenu mature, c'est-à-dire qu'ayant eu, jusqu'ici, la valeur de gonidie de la blastéa β_2 il vient d'acquérir l'aptitude à se diviser et est ainsi devenu le proplastide de la blastéa suivante qui est la blastéa oosphérienne γ.

Au stade 10, la blastéa β_2 s'est évanouie par suite du développement de son gonidium et de la mort de son ergasium dont il ne reste plus que des restes jaunes en décomposition.

Le stade 7 permet d'expliquer ce qui se passe chez les Hémiptères (Pentatoma, Syromastes, Corizus, Pyrrhocoris). Nous voyons qu'à ce stade la blastéa β_2 est formée de plastides réunis entre eux par de larges liaisons protoplasmiques primitives ou plasmonèmes aptes à la conduction, convergente vers l'oocyte évolutif, des substances nourricières accaparées et élaborées par les oocytes abortifs ou trophocytes. Cette blastéa β_2 est enveloppée dans un follicule qui est l'ergasium de la blastéa β_1. Chez les Hémiptères, l'association β_1 β_2 se forme dans la chambre terminale des gaînes ovariques, mais, au moment où cette association est refoulée vers le côté ouvert de la gaîne elle ne laisse entraîner que son oocyte évolutif et son follicule et elle laisse en arrière, au centre de la chambre terminale, tous ses trophocytes. Mais, si elle les laisse en arrière, elle ne les abandonne pas. Allongeant de plus en plus ses plasmonèmes, elle reste pendant quelque temps, grâce à eux, en communication avec ses trophocytes. La blastéa β_2 est alors non seulement différenciée, mais dissociée en une partie évolutive et une partie trophique. Un peu plus tard, les trophocytes ainsi laissés en arrière se liquéfient et fusionnent avec ceux des autres blastéas β_2 en une masse nourricière commune, dans laquelle les plasmonèmes nourriciers plongent comme de véritables racines absorbantes. Dès qu'un oocyte évolutif a suffisamment puisé dans cette masse nourricière et est devenue apte à se tirer d'affaire tant par ses propres moyens que par l'aide du follicule que lui a fourni la blastéa β_2, ses plasmonèmes absorbants se rétractent et rentrent dans son cytoplasme.

Blastéa terminale gamétique γ

Au stade 9, dont il vient d'être question, nous avons vu que l'oocyte évolutif ou gonidie de la blastéa β_2 est devenu proplastide de la blastéa terminale gamétique γ.

La blastéa gamétique (stade 10) est une blastéa tétraplastidienne, composée de quatre oosphères; mais, parmi elles, une seule est une oosphère évolutive, tandis que les trois autres sont ces minuscules oosphères abortives que l'on appelle globules polaires ou corps directeurs.

EMBOITEMENT DES BLASTÉAS GERMINALES β_1 β_2 ET γ

La figure A de la planche 8 représente, nettement séparés les uns des autres, dix stades de l'ontogénèse de la blastéa β_1, six stades de l'ontogénèse de la blastéa β_2 et deux stades de l'ontogénèse de la blastéa γ. Cette figure donne ainsi, pour chacune des trois blastéas en question, un nombre de stades suffisants pour fournir une représentation sommaire de leur morphologie et de la durée relative de leur ontogénèse. Mais, de même que les blastéas volvocéennes s'emboîtent les unes dans les autres, les 3 blastéas du germen animal se développent, elles aussi, emboîtées les unes dans les autres. La planche 7 schématise l'ontogénèse de cet emboîtement. La figure B de la planche 8 schématise aussi cet emboîtement dans le cas où la dégénérescence ergasiale serait tardive dans les blastéas β_1 et β_2, tandis que le parachèvement du chorion fourni par β_2 et l'ontogénèse de la blastéa γ, seraient très précoces.

Enfin, par suite de la gamie d'un andro et d'un gynogamète (planche 7 et fig. C. et D de la planche 8), nous voyons réapparaître un zygote, proplastide de la blastéa α d'un orthobionte nouveau.

ACTION RÉCIPROQUE DU SOMA ET DU GERMEN

L'action du germen, dans l'édification du soma, est, chez une même espèce animale, de nature différente suivant le sexe, puisqu'elle se traduit par l'apparition d'organes génitaux auxiliaires différents et par ces particularités que l'on appelle des caractères sexuels secondaires (grandeur, forme, pilosité du soma, etc...) Cette action est non seulement de nature, mais aussi d'intensité différente suivant le sexe. Dans certains groupes animaux, l'action du germen a été plus intense sur le soma mâle que sur le soma femelle et il en résulte que dans un groupe d'espèces voisines, les mâles sont plus différenciés entre eux que ne le sont les femelles. Ces mâles se sont plus éloignés que les femelles des types ancestraux.

L'inverse se présente chez bon nombre d'Hyménoptères. Chez les Fourmis, par exemple, les mâles d'espèces voisines ne peuvent pas être distingués autrement que par la capture, dans le nid natal, en compagnie de femelles (ouvrières et reines) qui, elles, possèdent des caractères différenciels beaucoup plus distincts. Il en est de même, chez les Braconides, dans le genre Aphidius, où les mâles sont très différents des femelles, mais se ressemblent tellement entre eux qu'il est impossible de déterminer l'espèce à laquelle ils appartiennent si on ne les a pas obtenus d'éclosion dans des séries pures contenant des femelles de la même espèce.

L'action excitatrice du germen continue à s'exercer encore sur les somas des Animaux supérieurs et, cela, de diverses manières. L'une des plus curieuses est l'apparition, au moment où préludent les périodes d'activité génitale, de modifications transitoires appelées parures de noces, parures telles que la coloration vive du plumage des Oiseaux, la crête dorsale des Tritons et la ramure des Cervidés. Ces parures atteignent leur complet développement au moment où commence la période d'activité génitale et disparaissent dès que cette période a pris fin.

Bien plus intéressant que le retentissement du fonctionnement du germen sur le soma est, au point de vue de l'hérédité, le retentissement du fonctionnement et des adaptations du soma sur le germen. Mais c'est là une question bien obscure.

En tout cas, dans la théorie exposée ici, où les rapports du soma et du germen sont surtout ceux du stabulaire et de l'inquilin, de l'hôte parasité et de son parasite, on ne trouve aucun argument utilisable pour soutenir cette explication hypothétique du transformisme qui consiste à admettre une sorte de mimétisme profond et latent, que l'on appelle l'hérédité des caractères acquis.

Il semble que cette hypothèse, créée pour expliquer l'évolution phylogénétique qui, elle, n'est pas une hypothèse, mais un fait certain, ne puisse être exacte que dans une bien faible mesure.

Le soma ne possédant aucune liaison, ni protoplasmique, ni nerveuse, avec le germen, le transfert au germen d'un caractère acquis par le soma ne peut guère se faire que par l'intermédiaire de quelques-uns des éléments du milieu qui résulte de l'association du soma et du germen. Les choses se passeraient un peu comme si l'action du soma sur le milieu commun était, dans une certaine mesure, réversible. Une modification du protoplasme somatique étant déterminatrice d'une modification du milieu, cette modification du milieu serait à son tour, si on pouvait la réaliser par une autre voie, déterminatrice, sinon exactement de la modification somatique en question, du moins d'une modification correspondante. En fait, cette reversibilité est une pure fiction, s'il s'agit de l'influence réciproque du soma et du milieu intra-somatique, mais ce dernier peut réagir sur le protoplasme du germen. Ce qui justifie, dans une certaine mesure, l'assimilation de ce phénomène à une sorte de réversibilité, c'est que le protoplasme du germen est, en réalité, le même que le protoplasme du soma. On prétend, il est vrai, qu'il y a une différence essentielle et primordiale entre le protoplasme somatique et le protoplasme germinal, mais c'est vouloir pousser les choses à une différenciation extrême qui n'est certainement pas réelle. Le protoplasme germinal est du protoplasme qui conserve intact, et, surtout, affranchi de l'usure fonctionnelle, ses propriétés initiales. Le protoplasme somatique est du protoplasme qui, d'abord identique au protoplasme germinal, subit une modification très précoce par adaptation à une fonction et subit en conséquence une altération par usure fonctionnelle. Mais cette modification et cette altération sont progressives et quelquefois partielles. Elles ne sont pas toujours radicalement destructrices, dans le protoplasme somatique, de toutes les propriétés spécifiques du protoplasme germinal. Cela est prouvé par de nombreux exemples de reproduction et de régénération purement somatiques. On peut donc admettre que si le protoplasme somatique détermine une modification du milieu commun, cette modification entraîne une modification du protoplasme germinal. Ces deux modifications protoplasmiques, bien que nécessairement différentes, sont, cependant, fonction l'une de l'autre. Il en résulte que l'acquisition de caractères nouveaux, par le soma, peut faire apparaître des caractères nouveaux, mais différents, dans le germen, et c'est peut-être, en cela seulement que consiste ce qu'il y a de réel dans l'hérédité des caractères acquis. En réalité, les explications très imprécises et très vagues qui précèdent font surtout comprendre qu'il s'agit d'une question dans laquelle on ne voit pas bien clair.

CONCLUSION

L'orthobionte du Flagellate primitif consiste en une succession d'alternances de blastéas kystiques et de pléthéas sporadiques :

$$\alpha\ a,\ \beta\ b,\ \gamma\ c,\ \delta\ d,\ \varepsilon\ e$$

alternances dont les deux dernières sont parthénogénétiques et éventuelles.

L'orthobionte d'un Etre vivant quelconque est composé d'une succession de blastéas et de pléthéas homologues aux blastéas et aux pléthéas constitutives de l'orthobionte du Flagellate primitif.

L'homologie est indiquée, dans le présent travail, par l'emploi de lettres caractéristiques. Tous les mérismes dénommés par une même lettre, tous les mérismes, γ par exemple, sont homologues entre eux. Cette lettre γ caractérise, ainsi, chez tous les Êtres vivants, un stade homologue.

Toutefois, dans un orthobionte un certain nombre des stades de blastéas et de pléthéas peuvent être franchis à l'état monoplastidien et être, par conséquent, virtuels.

Chez les Végétaux, l'évolution de l'orthobionte se fait dans trois voies que l'on peut appeler : blastéenne, monoplèthéenne et diplo-plèthéenne, d'après la nature des mérismes qui, dans chacune des 3 voies, se montrent prépondérants.

Dans la voie blastéenne, qui est celle du Volvox, toutes les pléthéas s'évanouissent ou, du moins, ne sont plus représentées que par leur état monoplastidien. De plus, les alternances parthénogénétiques n'apparaissent pas ou n'apparaissent qu'exceptionnellement, et, en tous cas, ne s'adaptent pas à des conditions ambiantes déterminées, ne se différencient pas, ne prennent pas le caractère de stades nécessaires. Le schéma de l'orthobionte blastéen du Volvox peut, par conséquent, être synthétisé par la formule

$$\alpha + \beta + \gamma$$

Dans la voie monoplèthéenne, qui est celle du Fucus, forme très primitive et très ancienne, les alternances parthénogénétiques n'apparaissent pas ou n'apparaissent qu'exceptionnellement, et ne prennent pas le caractère de stades différenciés et nécessaires. La blastéa α demeure monoplastidienne, mais sa pléthéa a se développe considérablement

Le schéma de l'orthobionte monoplèthéen du Fucus peut donc être synthétisé par la formule.

$$a + \gamma$$

Dans la voie diplo-plèthéenne, qui est celle du Cormophyte (Archégoniate et Anthrophyte), les alternances parthénogénétiques, d'abord éventuelles, sont devenues nécessaires. Elles se sont adaptées à des conditions spéciales et se sont considérablement différenciées. Les plèthéas a et c se sont considérablement développées tandis que les autres ne restaient représentées que par leur état monoplastidien. Le schéma du Cormophyte se synthétise donc par la formule

$$\alpha + \beta + \gamma + c + \delta + \varepsilon$$

qui représente une succession dans laquelle, les mérismes a et c sont prépondérants.

Chez les Animaux, l'évolution s'est faite dans la voie blastéenne avec conservation de la pléthéa a. Parmi les blastéas, l'initiale α prend un développement ergasial extraordinaire et se développe secondairement en un soma extrêmement compliqué. La pléthéa a et les blastéas β et γ constituent le germen qui est caché dans le soma et qui est, en apparence, peu développé. Mais, malgré son développement très prépondérant, le soma α reste l'esclave docile du germen a $+ \beta + \gamma$.

Le schéma de l'orthobionte de l'Animal est donc

$$\alpha + a + \beta + \gamma$$

Il y a, toutefois, quelques réserves à faire, relativement à l'attribution de la valeur de pléthéa au produit du développement de la cellule génitale primordiale.

Le développement de cette cellule conduit, chez le Chironomus, à un très petit groupe de cellules qui a, peut-être, la valeur d'une blastéa dont les plastides constitutifs perdraient précocément leurs liaisons protoplasmiques et qui, ensuite, subiraient, entre eux, quelques fusions syncytiales ou nourricières. Cette blastéa serait la première blastéa intercalaire.

Quant aux cellules qui proviennent de cette blastéa et immigrent dans le mésoderme, la façon dont elles se comportent dans le testicule et dans l'ovaire de certains Insectes, des Lépidoptères par exemple, peut faire supposer que le produit de leur développement a, peut-être, lui aussi, la valeur d'une blastéa qui serait la 2e intercalaire.

S'il en était ainsi, tous les stades pléthéens de l'orthobionte de l'Insecte seraient franchis à l'état monoplastidien et seraient virtuels. L'orthobionte de l'Insecte serait alors un orthobionte du type volvocéen qui comprend, intercalée entre une blastéa initiale et une blastéa terminale, une succession de blastéas intercalaires. Cet orthobionte comporterait ainsi :

La blastéa initiale α ou blastéa somatique,
Une 1re blastéa intercalaire β_1 ou blastéa germinale,
Une 2e blastéa intercalaire β_2 ou blastéa gonadique,
Une 3e blastéa intercalaire β_3 ou blastéa gamétogonique,
Une 4e blastéa intercalaire β_4 ou blastéa gamétocytique,
La blastéa terminale γ ou blastéa gamétique.

TABLE DES MATIÈRES

Limoges. — Imp. Ducourtieux et Gout, 7, rue des Arènes

ORTHOBIONTE du FLAGELLATE

dans le cas où l'orthobionte simple est suivi d'un orthobionte parthénogénétique

Constitution morphologique de l'Orthobionte			Caractéristiques des Mérismes	
Division probable au point de vue des chromosomes	Alternances blastéo-pléthérunes	Mérismes	Proplastide	Gonidium
Partie à ontogénèse hémichromatique — **E** Alternance parthénogénétique terminale		**e** Pléthéa parthénogénétique terminale	Isogamète prenant part à une genèse : Plastide flagellé de la blastéa ε	
		ε Blastéa parthénogénétique terminale	Individu de la pléthéa d	Tous les plastides de la blastéa ε
D Alternance parthénogénétique intercalaire		**d** Pléthéa sporadique parthénogénétique intercalaire	Isogamète parthénogénétique : Plastide flagellé de la blastéa δ	Tous les individus de la pléthéa d
		δ Blastéa parthénogénétique intercalaire	Individu de la pléthéa c	Tous les plastides de la blastéa δ
Partie à ontogénèse mésochromatique — **C** Alternance qui est que éventuellement terminale		**c** Pléthéa sporadique parthénogénétique initiale	Isogamète parthénogénétique : Plastide flagellé de la blastéa γ	Tous les individus de la pléthéa C
		γ Blastéa génétique éventuellement terminale	Individu de la pléthéa b	Isogamètes : Tous les plastides de la blastéa γ
Partie à ontogénèse holochromatique — **B** Alternance intercalaire		**b** Pléthéa sporadique intercalaire	Plastide flagellé de la blastéa β	Tous les individus de la pléthéa b
		β Blastéa intercalaire	Individu de la pléthéa a	Tous les plastides de la blastéa β
A Alternance initiale		**a** Pléthéa sporadique initiale	Plastide flagellé de la blastéa α	Tous les individus de la pléthéa a
		α Blastéa initiale	Zygote	Tous les plastides de la blastéa α

ORTHOBIONTE du VOLVOX

On a supposé le cas, qui existe réellement, de dioecie

Les stades de pléthéas étant, tous, franchis à l'état monoplastidien, ne figurent pas dans ce tableau

Constitution morphologique de l'orthobionte			Caractéristiques des Mérismes						
	Division probable au point de vue des chromosomes	Enumération des Blastéas	Andro-orthobionte			Gyno-orthobionte			
			Proplastide	Ergasium	Gonidium	Proplastide	Ergasium et gonidium abortif	Gonidium évolutif	
Orthobionte simple	Blastéa à ontogénèse probablement méochromatique	γ — Blastéas terminales gamétiques	Andro-gamétocyte		Andro-gamètes (spermatozoïdes)	Gyno-gamétocyte	Folicule	Un gyno-gamète (Oosphère)	Blastéas sexuées
	Blastéas à ontogénèse probablement holochromatique	β_n — Blastéas pénultièmes (dernières intercalaires) gamétocytiques	Cladogonidie	Ergasies	Andro-gamétocytes (Androgonidies)	Cladogonidie	Ergasies	Gyno-gamétocytes (gynogonidies)	
		β_1 — Première blastéa intercalaire	Cladogonidie		Ergasies		Cladogonidies		Blastéas asexuées
		α — Blastéa initiale	Zygote		Ergasies		Cladogonidies		
			Proplastide		Ergasium		Gonidium		

ORTHOBIONTE de L'ULOTHRIX

dans le cas où l'orthobionte simple est suivi d'un orthobionte parthénogénétique

(À gauche du tableau, en vertical : LIRE CETTE PARTIE DU TABLEAU DE BAS EN HAUT — *Diplo-orthobionte.*
À droite du tableau, en vertical : Orthobionte parthénogénétique — Initium du gamétophyte végétal ; Orthobionte simple — Initium du Sporophyte végétal.*)

Constitution morphologique de l'Orthobionte			Caractéristiques des Mérismes		
Division probable au point de vue des chromosomes	*Alternances blastéo pléthéennes*	*Énumération des Mérismes*	*Proplastide*	*Ergasium*	*Gonidium*
Mérismes à ontogénèse hémichromatique	**R** — Alternance parthénogénétique terminale	**e** — Pléthéa monoplastidienne parthéno-génétique terminale			Androgamète prenant part à une gamie / Gynogamète prenant part à une gamie
		ε — Blastéa parthénogénétique terminale	Plastide du filament d		8 à 81 gamètes parthénogénétiques
	D — Alternance parthénogénétique intercalaire	**d** — Pléthéa filamenteuse parthénogénétique intercalaire non fixée	Gamète biflagellé parthénogénétique		Tous les plastides du filament d
		δ — Blastéa parthénogénétique intercalaire	Plastide du filament C		8 à 81 gamètes parthénogénétiques
Blastéa à ontogénèse méro-chromatique	**C** — Alternance gamétique éventuellement terminale	**c** — Pléthéa filamenteuse parthénogénétique initiale non fixée	Gamète biflagellé parthénogénétique		Tous les plastides du filament C
		γ — Blastéa gamétique éventuellement terminale	Plastida du filament b		8 ou 16 ou 32 ou 81 gamètes biflagellés
Mérismes à ontogénèse holochromatique	**B** — Alternance intercalaire	**b** — Pléthéa filamenteuse intercalaire fixée	Agamète quadriflagellé	Cellule pédale	Tous les plastides du filament b sauf la cellule pédale
		β — Blastéa intercalaire	Plastide du filament β		1 ou 2 ou 4 ou 8 agamètes quadriflagellés
	A — Alternance initiale	**a** — Pléthéa filamenteuse initiale fixée	Agamète quadriflagellé	Cellule pédale	Tous les plastides du filament a sauf la cellule pédale
		α — Blastéa initiale	Zygote		8 ou 16 agamètes quadriflagellés

ORTHOBIONTE DE RICCIA GLAUCA (Bryophyte du groupe des Hépatiques)

Les planches 4 et 5 supposent le cas de monoecie. Le présent tableau suppose le cas de dioecie. L'un et l'autre cas se présentent chez Riccia
Les stades qui sont franchis à l'état monoplastidien sont considérés comme virtuels et ne figurent pas dans ce tableau

(Colonne de gauche : LIRE CETTE COLONNE DU TABLEAU DE BAS EN HAUT)

Constitution morphologique de l'Orthobionte			Caractéristiques des Mérismes — Andro-orthobionte			Caractéristiques des Mérismes — Gyno-orthobionte		
Divisions de l'Orthobionte au point de vue des chromosomes	Enumération des Mérismes	Nature des Mérismes	Proplastide	Ergasium	Gonidium	Proplastide	Ergasium et gonidium abortif	Gonidium évolutif
Diplo-Orthobionte — Gamétophyte — Mérismes à ontogénèse hémichromatique	Blastéa ζ	Blastéa gamétique terminale du gamétophyte	Cellule-mère définitive d'andro-gamètes		Andro-gamètes	Cellule-mère de gyno-gamètes	Un gyno-gamète abortif	Un gyno-gamète évolutif
Diplo-Orthobionte — Gamétophyte — Mérismes à ontogénèse hémichromatique	Blastéa ε	Série de Blastéas intercalaires	Cellule-mère primordiale d'andro-gamètes		Cellules-mères définitives d'andro-gamètes			
Diplo-Orthobionte — Gamétophyte — Mérismes à ontogénèse hémichromatique	Pléthéa δ	3- Gamétanges (Anthéridie et Archégone) / 2- Thalle producteur de gamétanges / 1- Protonéma discigène	Spore	Cellules ergasiales du thalle gamétophytique	Cellules-mères primordiales d'andro-gamètes	Spore	Cellules ergasiales du thalle gamétophytique	Une Cellule-mère de gyno-gamètes
Diplo-Orthobionte — Sporophyte — Blastéa à ontogénèse méiochromatique	Blastéa γ	Blastéa sporique terminale du sporophyte	Cellule-mère définitive de spores					Quatre spores
Diplo-Orthobionte — Sporophyte — Mérismes à ontogénèse holochromatique	Blastéa β	Série de Blastéas intercalaires	Cellule-mère primordiale de spores					Cellules-mères définitives de spores
Diplo-Orthobionte — Sporophyte — Mérismes à ontogénèse holochromatique	Pléthéa α	Sporogone (Le stade de blastéa s'y est franchi à l'état monoplastidien de zygote)	Zygote		Cellules ergasiales du sporogone			Archéspores ou Cellules-mères primordiales de spores
			Proplastide		Ergasium			Gonidium

ORTHOBIONTE du SPOROZOAIRE PLASMODIUM VIVAX

Tous les stades de pléthéas sont franchis à l'état monoplastidien. Ils sont, en conséquence, considérés comme virtuels et ne figurent pas dans ce tableau

Orthobionte simple	Constitution morphologique de l'Orthobionte			Caractéristiques des Mérismes					
(Lire cette partie de tableau de bas en haut)	*Division au point de vue des chromosomes*	*Énumération des Mérismes*	*Nature des Mérismes*	*Andro-orthobionte*			*Gyno-orthobionte*		
				Proplastide	*Ergasium*	*Gonidium*	*Proplastide*	*Ergasium et gonidium abortif*	*Gonidium*
	Partie à ontogénèse indo-chromatique	Blastéa terminale γ	Blastéa gamétique	Andro-gamétocyte (Microgamétocyte)		4 andro-gamètes (Spermatozoïdes)	Gyno-gamétocyte (Macrogamétocyte)	Globules polaires	Un gyno-gamète (Oosphère)
		Dernière blastéa intercalaire β_n	Blastéa gamétocytique monoplastidienne	Gonidie amiboïde (Mérozoïte)		Andro-gamétocytes (Microgamétocytes)	Gonidie amiboïde (Mérozoïte)		Gyno-gamétocytes (Macrogamétocytes)
	Partie à ontogénèse holochromatique	Deuxième blastéa intercalaire β_2	Schizonte suivie d'une série de schizontes semblables	Gonidie amiboïde (Mérozoïte)			Gonidie amiboïde (Mérozoïte)		
		Première blastéa intercalaire β_1	Schizonte	Gonidie effilée (Sporozoïte)			Gonidie amiboïde (Mérozoïte)		
		Blastéa initiale α	Sporonte	Zygote (Oocinète)			Gonidies effilées (Sporozoïtes)		
				Proplastide	*Ergasium*	*Gonidium*			

ORTHOBIONTE DE L'ANIMAL (Insecte)

L'orthobionte de l'Animal se divise, en général, ab ovo, en ses deux branches mâle et femelle

Les stades de plèthéas b_1, b_2 et c étant franchis à l'état monoplastidien ne figurent pas dans ce tableau

(Lire cette partie du tableau de bas en haut. — Orthobionte simple. — GERMEN : γ, β₂, β₁, a ; SOMA : α.)

Constitution de l'orthobionte			Caractéristiques des mérismes					
			Andro-orthobionte			Gyno-orthobionte		
Division de l'orthobionte au point de vue des chromosomes	Enumération des Mérismes	Nature des Mérismes	Proplastide	Ergasium	Gonidium	Proplastide	Ergasium et gonidium abortif	Gonidium
Blastéa à ontogénèse néochromatique	γ — Blastéa terminale ou gamétique	Blastéa méotique tétraplastidienne productrice de gamètes	Spermatocyte		Spermatozoïdes	Oocyte	Globules polaires	Oosphère
Mérismes à ontogénèse holochromatique	β₂ — Deuxième Blastéa intercalaire ou Blastéa gamétocytique	Blastéa productrice de gamétocytes	Spermatogonie		Spermatocytes	Oogonie	Trophocytes	Oocyte
	β₁ — Première Blastéa intercalaire ou Blastéa gamétogonique	Blastéa productrice de gamétogonies	Cellule-mère de Spermatogonies	Cellules cystiques	Spermatogonies	Cellule-mère d'oogonies	Cellules folliculaires	Oogonie
	a — Plèthéa germinale	Plèthéa qui immigre dans le mésoderme et y détermine l'apparition réactionnelle de gaines mésodermiques dans lesquelles elle se loge	Cellule génitale primordiale mâle		Cellules mères de spermatogonies	Cellule génitale primordiale femelle		Cellules-mères d'oogonies
	α — Blastéa initiale ou somatique	Blastéa dont l'ergasium se développe en un soma et dont le gonidium se développera en une chaine de 4 mérismes qui constitueront le germen	Zygote androgène	Ergasies se développant en soma mâle	Cellules génitales primordiales mâles	Zygote gynécogène	Ergasies se développant en soma femelle	Cellules génitales primordiales femelles

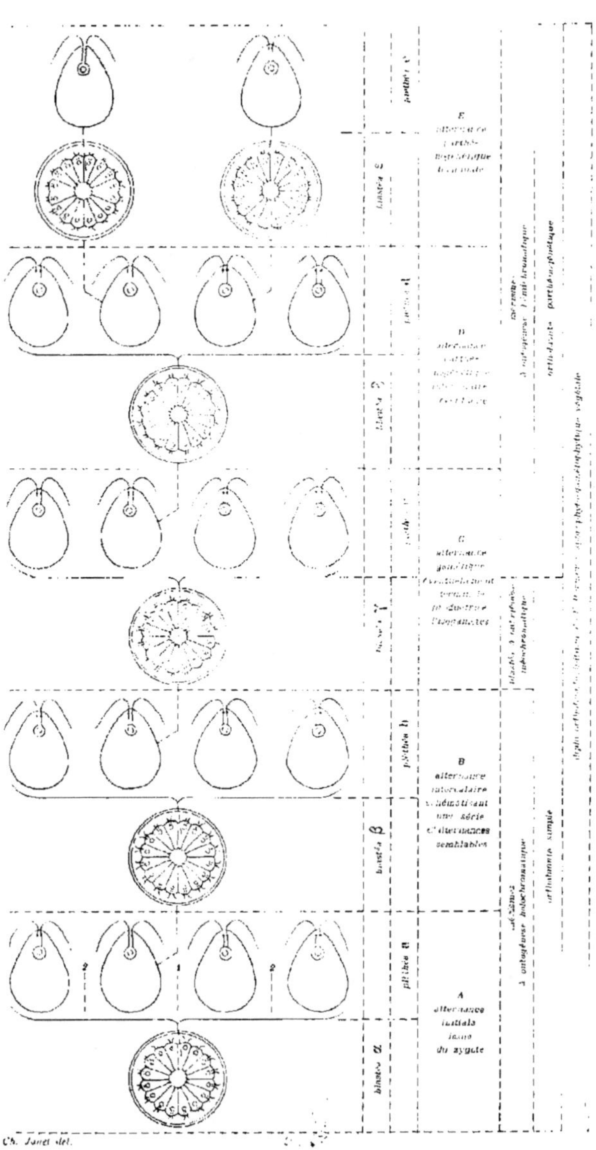

Ch. Janet del.

Schéma de l'Ortholmonie du Phytoflagellate

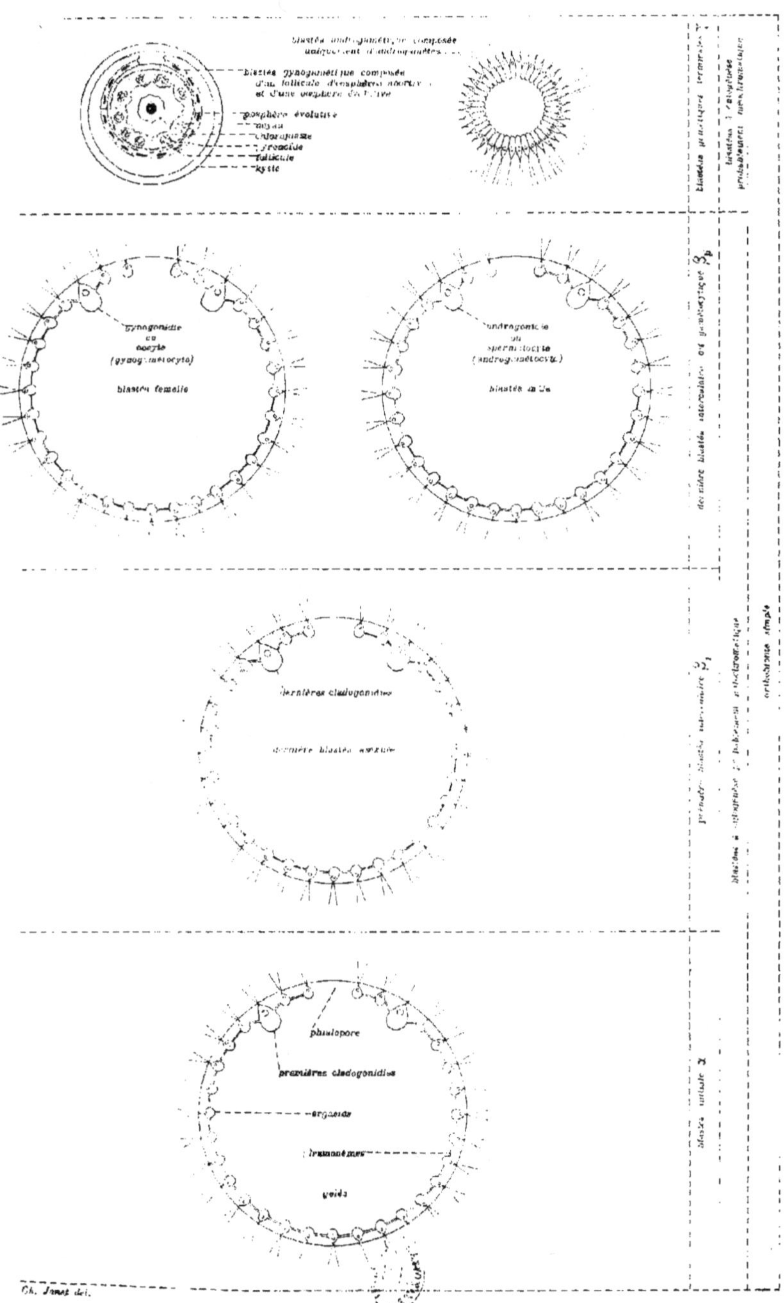

Schéma de l'Orthobionte du Volvox

Cet orthobionte est dépourvu de pléthéas. Il est composé :
1° D'une blastéa initiale ;
2° D'une blastéa intercalaire (qui représente une longue série de blastéas intercalaires) ;
3° D'un couple de blastéas dernières intercalaires ou pénultiemes ou gamétocytiques ;
4° D'un couple de blastéas terminales ou gamétiques.

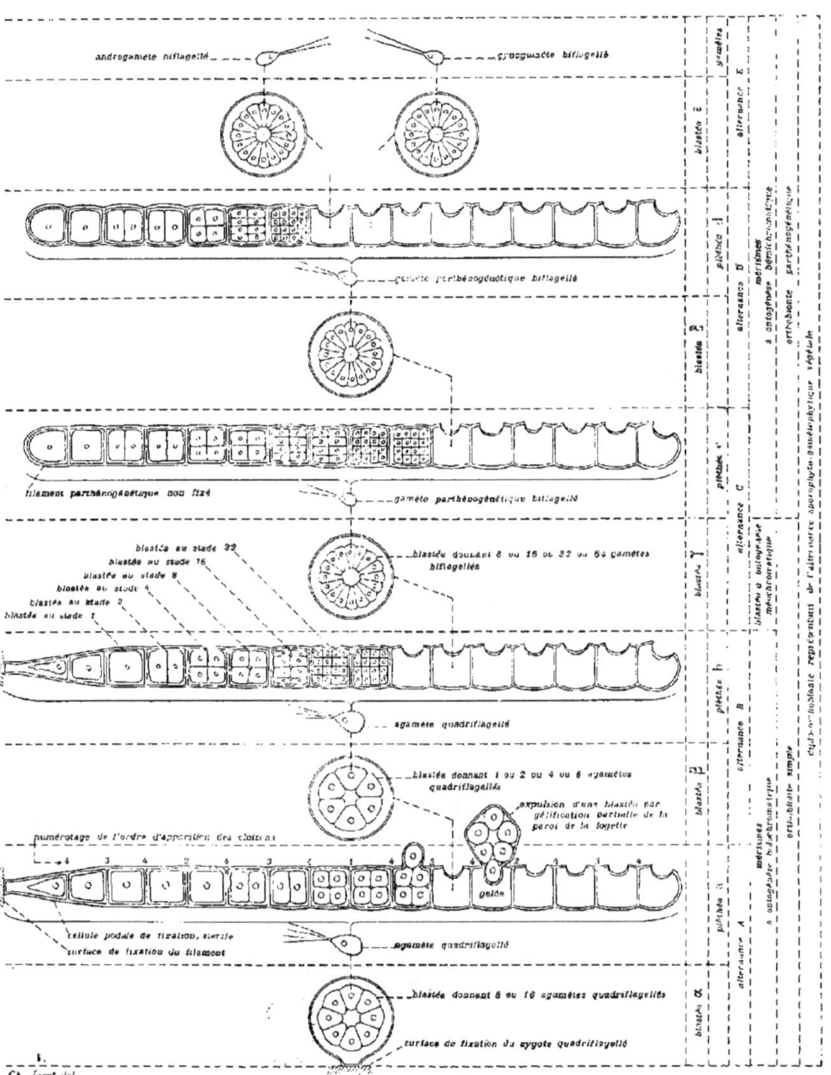

Schéma de l'Orthobionte de l'Ulothrix.

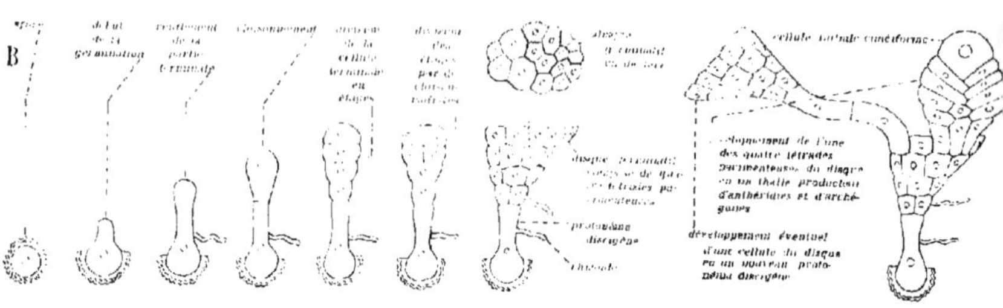

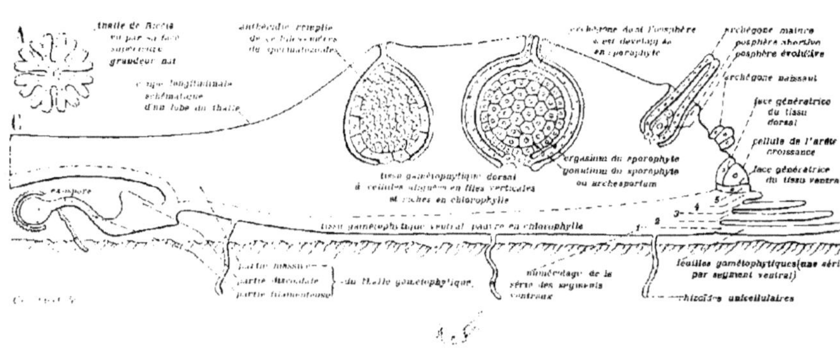

Riccia glauca (Hépatique)

A. Vue d'ensemble, en grandeur naturelle d'un thalle en rosette.
B. Début de l'ontogénèse du gamétophyte.
C. Coupe contenant un gamétophyte et un sporophyte.

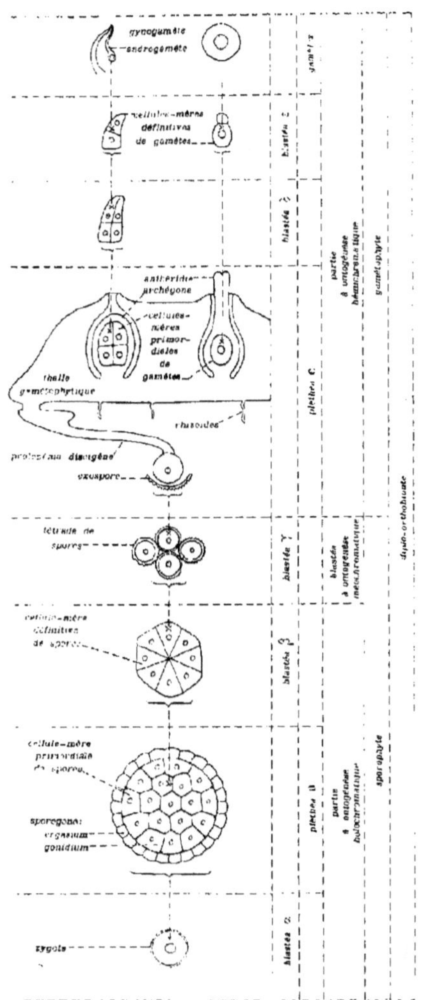

Schéma de l'Orthobionte de Riccia glauca.

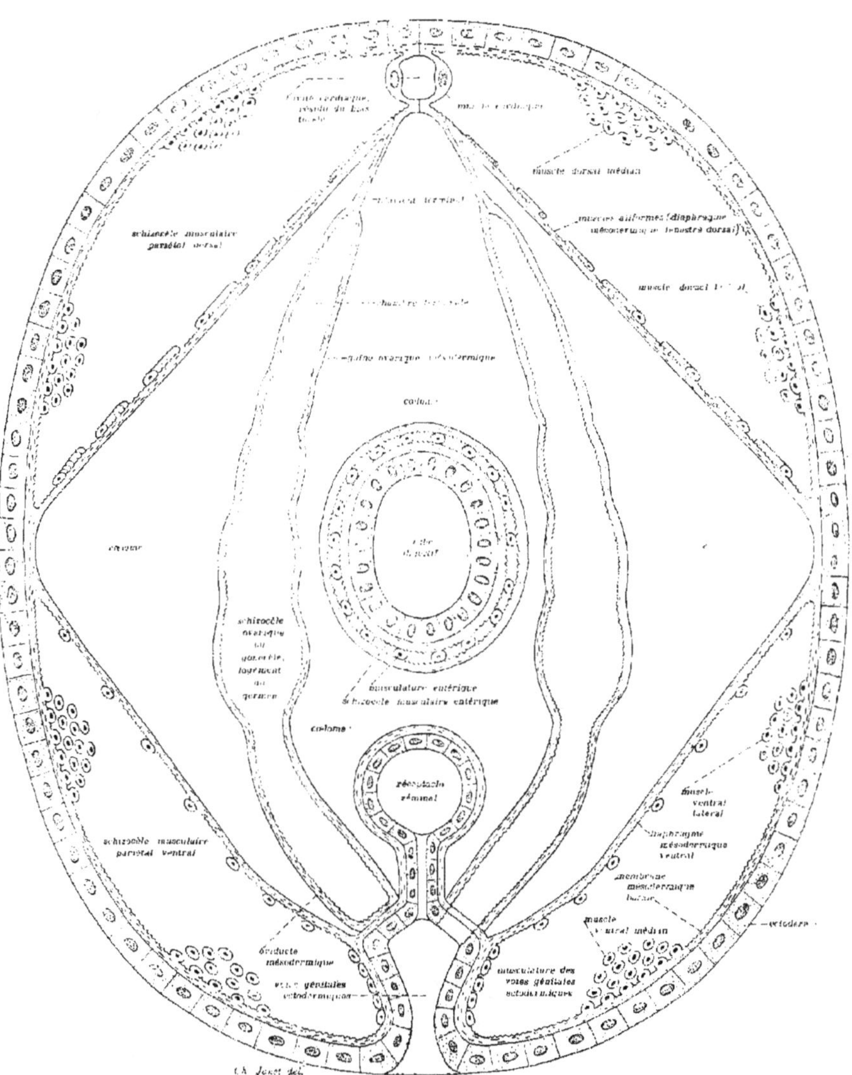

Schéma d'une coupe transversale du soma de l'Insecte, passant par la région des gaines ovariques.

PLANCHE 7

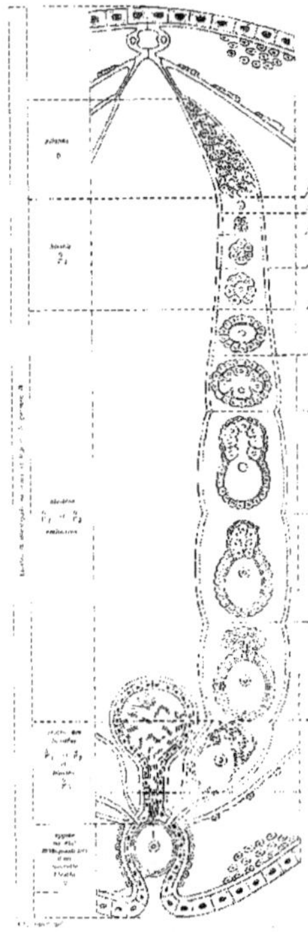

Schéma de l'ovariole des Insectes

PLANCHE 8

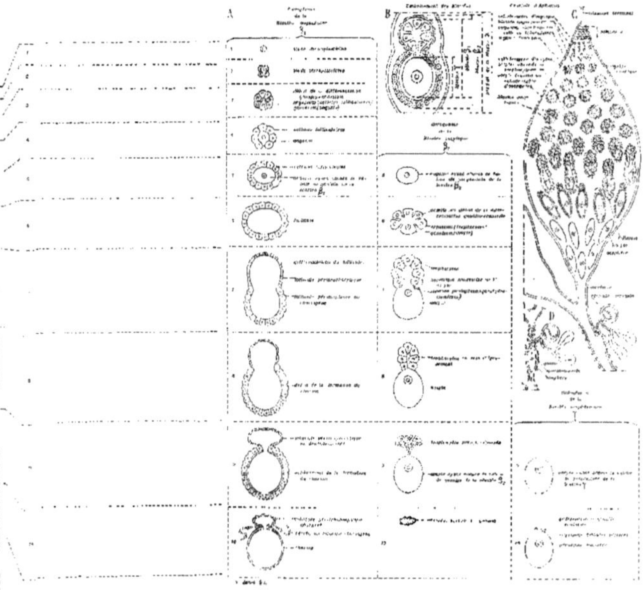

A. Ontogénèse des blastes oogoniens (β_1 ou γ_2), oocytique (β_2 et γ_1), et zoophérienne (γ).
B. Emboîtement des blastes somatique, oogonien, oocytique et zoophérienne.
C. Schéma d'un ovariole d'Aphides, Hyménoptères.
D. Schéma de la position du canal de l'œuf d'Aphides.
Erratum : Dans la figure B les lettres β_1 et β_2 sont à inverser.

www.ingramcontent.com/pod-product-compliance
Lightning Source LLC
LaVergne TN
LVHW050848200726
843507LV00001B/486